HISTOIRE

D'UN

MORCEAU DE CHARBON

PAR

EDGARD HÉMENT

PARIS

P. BRUNET, ÉDITEUR, 31, RUE BONAPARTE

1868

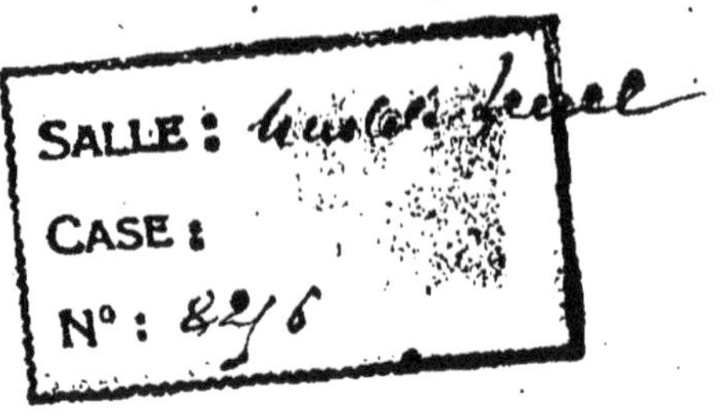

BIBLIOTHÈQUE
DE LA SCIENCE PITTORESQUE

—

HISTOIRE

D'UN MORCEAU DE CHARBON

ABBEVILLE, IMP. P. BRIEZ

PRÉFACE.

Une manière de traiter la science que, par un néologisme, on a nommée vulgarisation, s'est créée depuis quelques années. Elle consiste à présenter les différents sujets scientifiques sous une forme dénuée du ton sec et dogmatique de la science sérieuse ; mais, affectant, au contraire, une certaine élégance, destinée à voiler l'aridité des démonstrations.

Presque toutes les branches de la science ont été mises à contribution par ceux qui ont adopté cette façon d'écrire. Cependant nous croyons être le premier à traiter le sujet que nous offrons au public dans ce livre. *L'histoire d'un morceau de charbon* est donc une œuvre de science vulgarisée.

Mais qu'on ne s'y trompe pas, qu'on ne la considère pas comme complète, comme renfermant tous les détails sur le sujet traité.

Une comparaison fera comprendre facilement le caractère de ce livre.

Ce qu'on doit y voir, ce n'est pas un tableau fouillé minutieusement, délicatement exécuté, où les moindres détails du sujet sont reproduits avec une scrupuleuse fidélité.

Tout au contraire, c'est une composition où figurent seulement les grandes lignes essentielles; c'est en quelque sorte une esquisse assez fidèle pour donner une idée exacte du sujet et en faire concevoir toute la grandeur.

Car s'il fallait faire l'histoire complète et détaillée du charbon, ce n'est pas un volume que nécessiterait pareille entreprise, mais bien plusieurs.

Une question, en effet, qui touche à tant d'autres, qui se relie à toutes les branches de la science comme à toutes les variétés de l'industrie, qui emprunte des considérations aussi bien à l'économie sociale qu'à la philosophie naturelle; une telle question est trop importante pour être traitée en entier dans ce modeste volume.

D'ailleurs, aujourd'hui que La Fontaine est une autorité que l'on cite partout, ne pourrais-je pas aussi à mon tour l'invoquer et dire avec lui:

> Les longs ouvrages me font peur,
> Loin d'épuiser une matière
> On n'en doit prendre que la fleur.

Si donc on nous a bien compris, on ne devra chercher dans ce livre que des faits généraux, des vues d'ensemble ; et nous nous estimerons heureux si en livrant cet ouvrage au public, nous avons pu lui faire concevoir toute la beauté de la science, la grandeur de ses résultats, et si enfin nous lui avons communiqué une partie de l'ardent amour que nous professons pour elle.

EDGARD HÉMENT.

HISTOIRE
D'UN MORCEAU DE CHARBON

CHAPITRE PREMIER

UNE FORÊT AVANT LE DÉLUGE.

La terre n'a pas toujours été telle qu'elle s'offre aujourd'hui à nos yeux. Lorsqu'on contemple le magnifique spectacle qu'elle présente en tous ses points, l'ordre parfait qui règne à sa surface; si l'on considère ces cités florissantes, où l'industrie et le commerce produisent tant de merveilles; ces fécondes prairies, ces sombres forêts qui contribuent autant à l'orner par leur présence qu'à la servir par leurs produits, il semble qu'un pareil état de choses ait toujours existé.

Rien, en effet, ne peut détromper l'observateur, s'il borne son examen à la surface de notre planète. Mais qu'il pénètre un instant dans ses entrailles, qu'il descende dans ces mines profondes que l'homme a creusées pour satisfaire de nouveaux et incessants besoins ; et il verra que l'ordre n'a pas toujours régné sur notre globe ; il surprendra quelques traces de ses convulsions passées, quelques vestiges de ses transformations, dans la diversité des couches qui se succèdent, dans les ondulations et les plissements de ces couches, dans les débris animaux et végétaux, qu'il rencontrera presque à chaque pas, et enfin dans l'élévation progressive de la température.

Oui, la terre n'a pas toujours été couverte de peuples, d'animaux, de végétations ; elle n'a pas toujours vu cet admirable développement des esprits, cette civilisation incessante.

A l'origine la terre était un globe liquide et incandescent qui se refroidit peu à peu. Après des siècles nombreux une croûte très-mince se forma, enfermant un véritable océan de feu, au sein duquel se réunirent les matières les plus lourdes.

Par le refroidissement, non-seulement les corps en fusion se solidifièrent ; mais les vapeurs se condensèrent et une atmosphère gazeuse moins complexe enveloppa la terre de toutes parts ; la vapeur d'eau se liquéfiant forma les mers, les fleuves, les lacs, et bientôt la vie se manifesta dans la Création par l'apparition de quelques animaux et végétaux très-simples d'organisation : à travers les âges, la croûte solide, se soulevant au milieu des eaux bouillonnantes, forma les îles, les montagnes, les continents.

A chacune de ces transformations, les végétaux et les animaux disparaissaient, pour faire place à de nouvelles organisations végétales et animales, qui, à leur tour, se trouvaient englouties par des cataclysmes plus ou moins violents. C'est par ces changements progressifs, ces lentes évolutions que notre planète est arrivée à l'état dans lequel nous la voyons aujourd'hui.

Reportons-nous par la pensée à ces époques éloignées, à ces périodes géologiques désignées sous le nom commun de *période houillère*. Essayons de faire revivre, à l'aide de l'imagination et des données de la science, une forêt de ces temps si reculés.

Quel spectacle étrange et grandiose à la fois s'offre à nos regards ! Rien, parmi les créations végétales de notre temps, ne peut en donner l'idée, ni les sombres bois des Alpes ou de la Forêt-Noire ni les forêts vierges du Nouveau-Monde.

Figurez-vous ces plantes bizarres, dont il nous reste à peine quelques chétifs exemples : les *fougères arborescentes* épanouissant largement leur feuillage de dentelle, les *lépidodendrons* écailleux, véritables serpents végétaux, les *prêles* gracieuses et élancées, les *sigillaires* gigantesques ; figurez-vous toutes ces plantes entremêlées, enlacées, formant un fouillis inextricable ; le sol recouvert d'un épais tapis de verdure formé par des *lyco-*

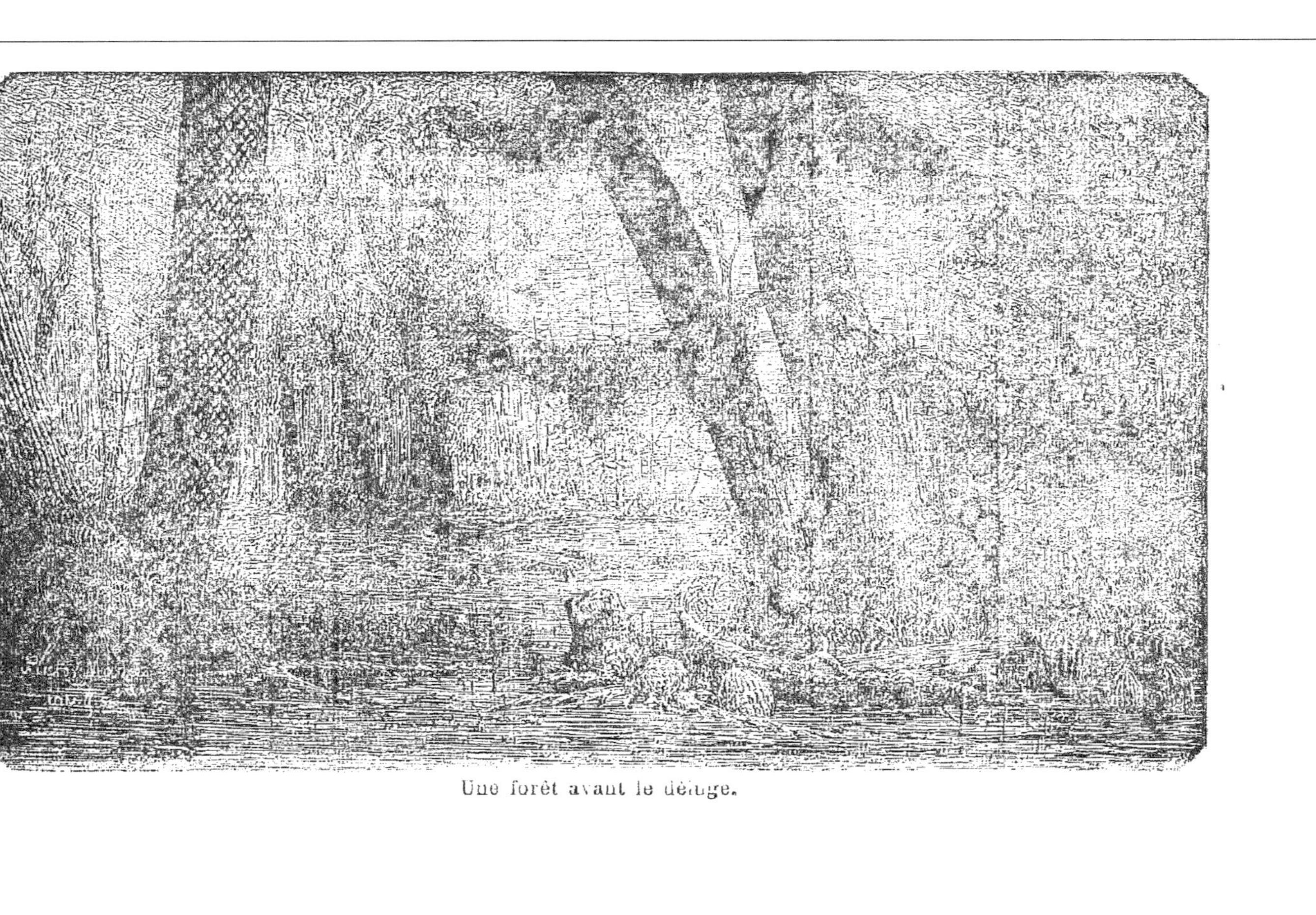

Une forêt avant le déluge.

podes semés à profusion ; surtout, représentez-vous tous ces végétaux avec leurs dimensions colossales, atteignant vingt à vingt-cinq mètres de hauteur, un à deux mètres de diamètre.

Toute cette végétation se développant serrée, abondante, dans un air lourd, chargé d'acide carbonique, d'humidité ; les racines plongeant dans des marécages boueux où s'agitait un monde d'animaux aux formes étranges ; tout cet ensemble présentait un spectacle inconnu de nos jours, qui frappe plus encore par ce caractère d'étrangeté que par la grandeur même.

Sous ces majestueux ombrages ne croissait aucun animal terrestre ; seuls, les marécages étaient remplis d'une foule d'animaux inférieurs, appartenant à l'embranchement des *mollusques* ; on y voyait aussi quelques rares *crustacés* et des *poissons* plus rares encore. Quant aux animaux supérieurs, on n'en retrouve que quelques traces ; et encore ce sont des *reptiles* qui apparurent vers la fin de cette période houillère.

Quelques insectes, rappelant nos libellules, animaient les airs en se jouant au milieu des arbres ; mais pas d'oiseaux dans les bocages, pas de mammifères sur les bords des lacs ou des étangs. Aussi une solitude éternelle, un silence profond régnaient partout et jetaient un voile de tristesse sur ce magnifique tableau.

Les géologues s'accordent à diviser cette époque géologique en deux périodes distinctes ; celle du *calcaire carbonifère*, et celle *de la houille* proprement dite. Chacune d'elles est caractérisée, d'abord par la nature des terrains

.1.

qui se formèrent à ce moment, puis par les végétaux et les animaux qui s'y développèrent et qui, enfouis aujourd'hui au sein de la terre forment ce qu'on nomme des *fossiles.*

Pendant ces deux périodes, les dépôts de houille se sont formés; mais pendant la première, se sont constitués les immenses dépôts marins, tandis que ceux du continent datent seulement de la seconde. Quoiqu'il en soit, nous ne décrirons pas séparément la *faune* et la *flore* de ces périodes secondaires; car, à quelques différences près, elles se composaient des mêmes organismes, animaux et végétaux.

Tant que les sciences naturelles sont restées dans l'enfance, ces débris d'êtres vivants ont vivement frappé l'imagination. Les hommes, naturellement enclins au merveilleux, avaient tiré de l'existence des *fossiles* des conséquences absolument hypothétiques, sinon absurdes. La botanique et la zoologie, perfectionnées par les Cuvier, les Geoffroy Saint-Hilaire, les Brongniart, fournirent des notions certaines sur les espèces disparues et permirent de constituer la science de la terre, l'étude méthodique de sa formation, en un mot, la géologie.

Aujourd'hui, les fossiles sont pour nous de fidèles archives où se trouve consignée l'histoire des premiers âges de la terre, et qui nous permettent de l'écrire avec la même exactitude que celle des temps historiques.

Les terrains de l'époque houillère, plus qu'aucun autre peut-être, contiennent des débris qui appartiennent surtout au règne végétal. Les restes d'animaux sont relativement rares et formés exclusivement de coquillages; car, comme nous l'avons dit, les animaux de cette période étaient presque tous des *mollusques* et des *zoophytes*.

Les plus connus sont les *productus*, les *spirifer*, les *terebratules*, les *orthocères*, les *bellerophon*, les *goniatites*, tous *mollusques* et la plupart de grandes dimensions, les *productus* par exemple. Tous ces genres offaient de nombreuses espèces; on en a compté jusqu'à neuf cents.

Les zoophytes étaient en nombre considérable ; ils formaient des groupes immenses dans

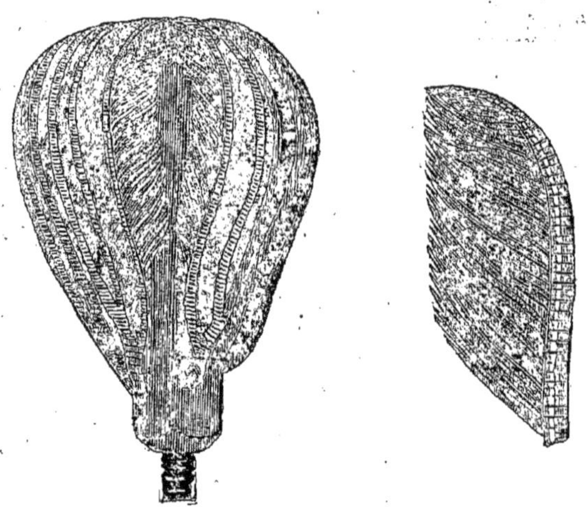

Platycrinus.   Rameau détaché du précédent.

les mers de la période du *calcaire carbonifère*. Les principaux sont ceux des genres *platycrinus* et *cyatocrinus*, dont formes bizarres ne se rencontrent plus de notre temps. Parmi les polypiers, nous devons citer les genres *lithostrotion basaltiforme*, rappelant par leur forme celle des colonnes de basalte, les *londasleia* dont quelques

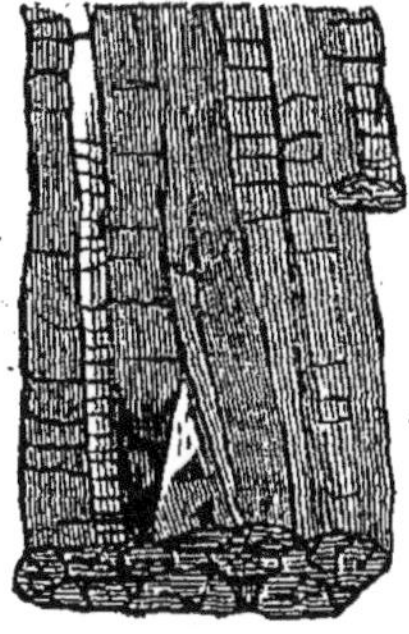

Lithostrotion basaltiforme.

Londasleia floriformis.

uns, les *londasleia floriformis*, ressemblaient à de véritables fleurs, et enfin les *foraminifères*, animaux microscopiques, indépendants les uns des autres, vivant séparément. Ces *infiniment petits* animaux avaient le corps divisé en segments et recouvert d'une coquille en *carbonate de chaux*. Ils ont formé ces dépôts gigantesques de pierre à chaux, de craie, qui constituent les terrains entiers des périodes *jurassique* et *crétacée*.

Les crustacés étaient peu nombreux, les poissons très-rares ; on n'en connaît que quelques genres, par exemple des *placodus*, les *psammodus* les *megalichtys*.

Tels sont les animaux qui vivaient à ces époques si éloignées, et on voit qu'ils n'étaient pas

Foraminifères.

en grand nombre ; les mammifères et les oiseaux
n'y avaient aucun représentant. Quant aux reptiles, on pensait qu'il en était de même, lorsque
dans ces dernières années on découvrit en Allemagne, au milieu des couches de houille, les
empreintes des pas et des fragments du squelette
d'un reptile amphibie, qu'on a nommé *archego-
saurus*. Seulement il faut dire que la couche où
se trouvait le fossile, était une de celles de la
moins ancienne formation. Il est donc probable
que les reptiles n'existèrent pas pendant l'é-
poque houillère ; mais qu'ils apparurent à la fin
de cette période.

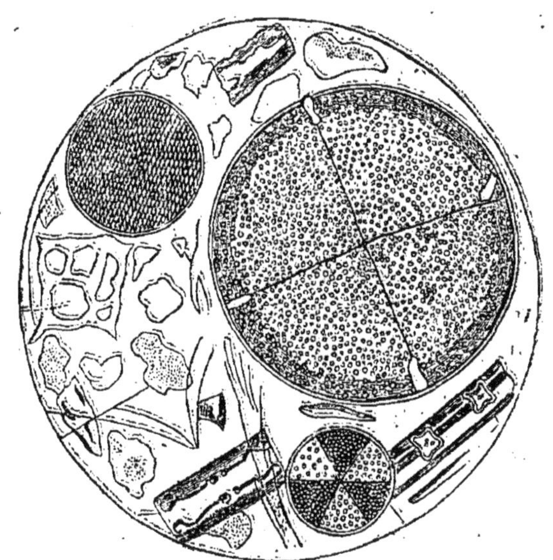

Foraminifères.]

Revenons aux végétaux dont nous n'avons
dit encore que quelques mots.

A aucune époque, soit historique, soit géologique, la terre n'a été couverte d'une aussi abondante végétation, d'une flore aussi luxuriante.
Les végétaux avaient des dimensions énormes,
relativement à ceux de notre temps. Comme
nous le disons en commençant, plusieurs d'entre
eux atteignaient jusqu'à *vingt, vingt-cinq* et
même *trente mètres* de hauteur, et souvent *un à
deux mètres* de diamètre.

Sous les tropiques, où vivent encore aujour-
d'hui des arbres excessivement grands, on n'en

trouverait aucun qui pût rivaliser, pour la grandeur et la puissance, avec ceux de l'époque houillère.

Mais si toutes ces plantes frappaient par leurs grandes proportions, elles n'offraient qu'un très-petit nombre d'espèces, on en compte tout au plus quatre cents ; quant aux familles, six ou sept seulement. Passons rapidement en revue ces différentes familles.

Parmi celles de l'organisation la plus complexe, ou plutôt la moins simple, se placent en première ligne les *conifères* plantes analogues aux pins et aux sapins de nos forêts, ou mieux encore

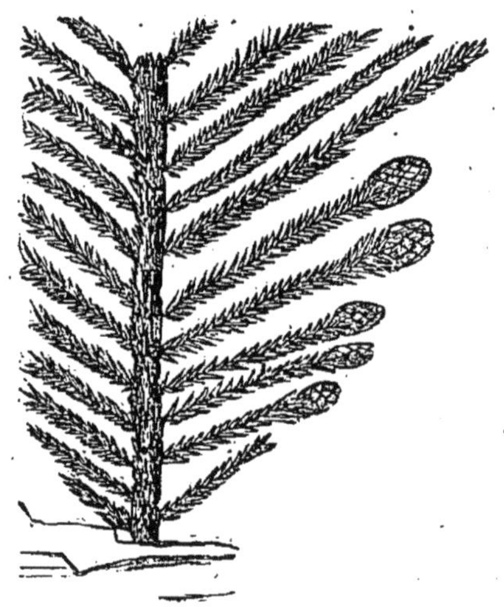

Walchia.

à ces *araucarias* si recherchés aujourd'hui. A ce groupe appartenait le *Walchia*.

Viennent ensuite les *Cycadées*, très-voisines des *conifères*, dont les différentes espèces qui vivaient alors, sont maintenant disparues.

Une Cycadée.

Les conifères et les cycadées étaient les seuls végétaux appartenant au groupe de ceux que les botanistes nomment *dicotyledones gymnospermes*. Ils sont appelés dicotyledones parce qu'ils proviennent d'embryons munis de deux où plusieurs *cotyledons*; c'est-à-dire de petits appendices pleins de matières, à l'aide desquelles l'embryon se nourrit pendant toute la durée de la germination. La dénomination d'angiospermes, qui signifie graines nues, vient de ce que, chez tous ces végétaux, les graines paraissent libres et non renfermées dans un sac comme chez les autres dicotyledones. L'inflorescence qui contient ces graines est bien connue, la pomme de pin nous en offre un exemple.

Les autres familles, dont nous avons à parler sont les *fougères*, les *lycopodes*, les *equisetacées*, les *sigilláires* et les *asterophyllites*. Toutes ces plantes, qu'à dessein nous groupons ensemble, sont des *cryptogames*, suivant l'expression des naturalistes.

Linné, dans son interprétation poétique des phénomènes de vie végétale, regardait l'acte de la fécondation comme un véritable mariage. Il nommait cryptogames, qui signifie mariage caché, les végétaux du genre de ceux que nous venons de citer et chez lesquels les organes de la génération ne sont pas apparents.

Les *fougères*, qui maintenant ne sont que de petits arbustes, des plantes herbacées, étaient alors d'immenses arbres portant, comme les palmiers, les feuilles au sommet de la tige recouverte, elle-même, de nombreuses écailles formées par la base des feuilles précédentes. Les

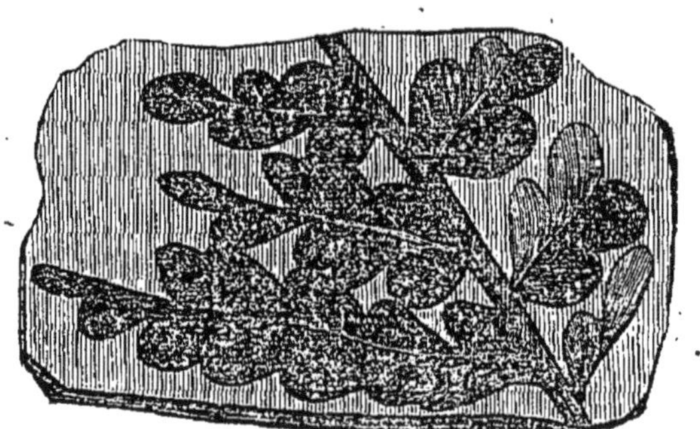

Rameau de *fougère* du genre *odontopteris*
(*odontopteris Schlotheimii*).

principales espèces étaient les *odonpteris*, les *sphenopteris*, etc.

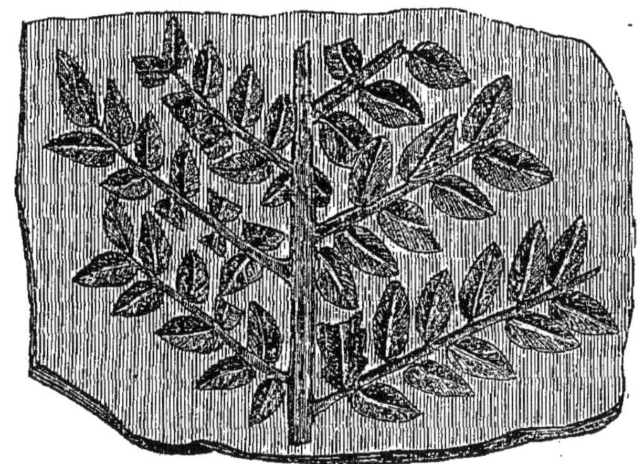

Rameau de *fougère* du genre *nevropteris (nevropteris heterophylla)*.

Les *lycopodes* étaient des plantes bizarres, dont quelques espèces, subsistant encore, peuvent nous donner l'idée. La tige n'était pas ligneuse, c'est-à-dire, pas formée de bois. Elle se composait d'une écorce très épaisse et d'une partie centrale de faible diamètre; les nombreux rameaux ne provenaient pas de bifurcations de la tige principale et par conséquent ne la continuaient pas; ils se développaient sur le côté, à l'aisselle des feuilles. Les représentants les plus remarquables de cette famille étaient les *lepidodendrons*.

Les *équisétacées* ou prêles, qui de notre temps occupent si peu de place dans la nature, ont joué un grand rôle à l'époque houillère. Leur tige par sa forme, rappelle celle d'une queue de

Lepidodendron
(lepidodendron Sternbergii).

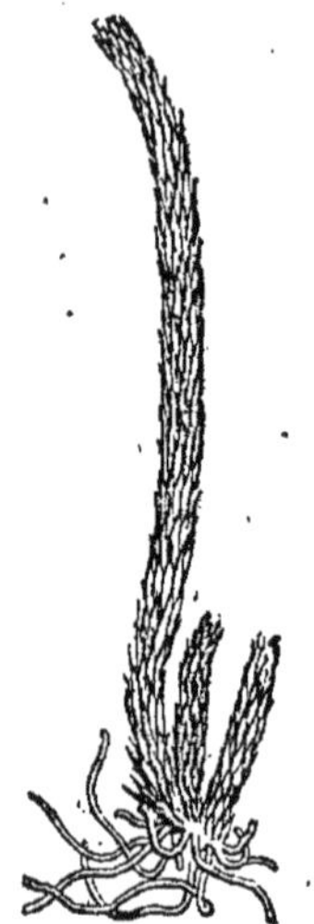

Lycopode
(lycopodium complanatum).

cheval. Elle pénétrait dans le sol par la partie amincie; de plus elle était creuse et terminée par un épi formé par les organes de fructification.

On retrouve dans les couches de houille des tiges de cette curieuse plante, auxquelles on a donné le nom de *calamites*, parce qu'on les avait comparées à tort, aux palmiers du genre *calamus*.

Les *sigillaires* ont des tiges sur lesquelles on remarque une série d'empreintes, analogues à celles d'un cachet ; ce qui leur a valu leur nom. Ce sont des cicatrices laissées par la chûte des feuilles. On a retrouvé séparément des racines

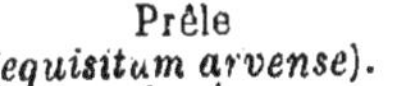

Prêle
(*equisitum arvense*).

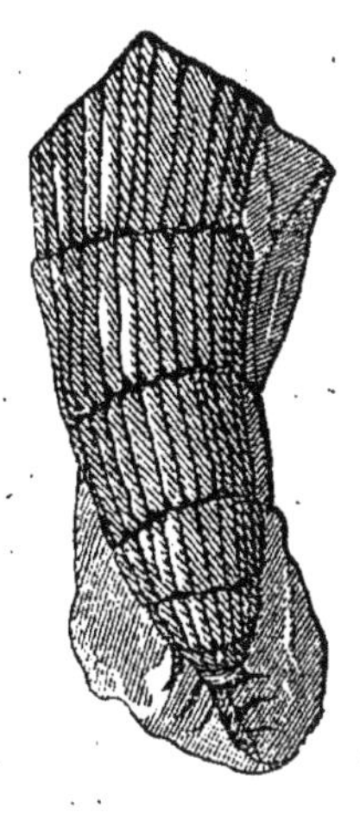

Calamite
(*calamites cannæformius*).

de sigillaires et longtemps elles furent considé-
rées comme des végétaux particuliers, qu'on
avait nommés *stigmaria*.

Enfin les *asterophyllites* étaient des plantes
d'une extrême élégance, dont les feuilles à une

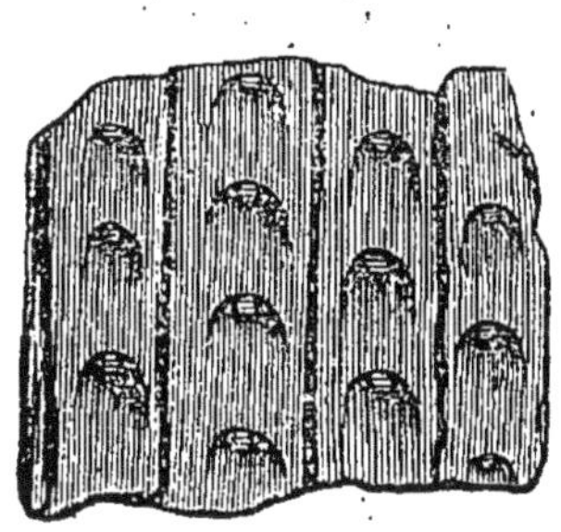

Sigillaires

(*sigillaria lævigata*).   (*sigillaria pachyderma*).

seulé nervure formaient autour de la tige d'élégantes collerettes. A cette famille se rattachaient les annulaires, à feuilles délicatement découpées et disposées comme les précédentes.

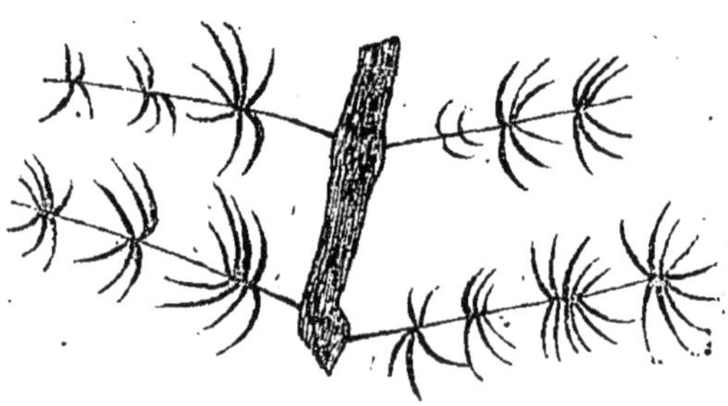

Astérophyllite *(astei ophyllites foliosa).*

Telles étaient les principales espèces végétales vivant à l'époque bouillère. On peut dire, en résumé, que quelques familles seulement composaient la flore houillère. Chacune d'elles comptait un assez grand nombre d'espèces, plus même qu'elles n'en possèdent aujourd'hui. Deux seulement appartenaient aux dicotyledones ; les monocotyledones n'avaient à ce moment aucun réprésentant. Toutes les autres familles étaient du groupe des cryptogames, et ne renfermaient, par suite, que des plantes d'une organisation excessivement simple. Il semble même que cette simplicité ait favorisé l'immense développement de la végétation et que les végétaux de cette époqué aient été d'autant plus puissants qu'ils étaient moins complexes.

CHAPITRE II

D'OÙ VIENT LE CHARBON ?

La qualification de *période houillère*, qu'avec les naturalistes nous avons donnée à l'époque géologique dont nous venons de retracer l'histoire, ne s'explique pas encore. Nous allons essayer de la justifier dans le présent chapitre, en montrant comment la houille, dont nous nous servons aujourd'hui, provient de la décomposition de tous les végétaux qui formaient cette forêt antédiluvienne.

C'est un fait bien connu que les tissus, les organes, les sucs de tous les végétaux, renferment du charbon, non pas libre et tel que nous le connaissons; mais du charbon allié, combiné, comme on dit en chimie, avec un petit nombre d'autres substances.

Quoique peu nombreuses, ces matières se sont unies en proportions si diverses, si variées, qu'elles ont donné naissance à une quantité véritablement énorme de composés de toute sorte. Ici elles ont formé la *cellulose*, cette matière constitutive de tous les tissus végétaux ; là, les corps dissous dans la sève, la substance de l'écorce, du bois, de la moelle, etc.

Mais ce qu'on doit surtout remarquer, c'est que le charbon entre dans la composition de presque tous ces corps. Il se combine avec des gaz qu'on nomme *oxygène*, *hydrogène*, *azote*. Tantôt tous les quatre sont unis, tantôt trois, et quelquefois deux seulement.

Ce sont toutes ces matières qui constituent la charpente, le squelette des plantes, ainsi que tous leurs organes. Si l'on imagine que, par une cause quelconque, elles abandonnent le charbon avec lequel elles étaient combinées, celui-ci se présentera à nous avec les différents aspects sous lesquels nous le connaissons. C'est ce qui s'est passé pour les nombreux et immenses végétaux de l'époque houillère.

Nous connaissons donc parfaitement l'origine de la houille, qui forme les dépôts actuellement exploités ; mais ce qu'il faut expliquer, c'est à quelle source tous ces végétaux ont puisé une telle quantité de charbon et de quelle façon ils se sont décomposés. La réponse à ces questions se déduit de l'étude de l'atmosphère, du sol et des conditions climatériques de la période houillère.

Les végétaux actuels, même les plus puissants, sont loin de contenir assez de charbon pour pouvoir former, malgré leur nombre considérable, des bassins de houille aussi nombreux que ceux que nous connaissons. Ceux qui ont donné naissance aux dépôts de charbon minéral, devaient en contenir une très-grande quantité dans leur organisme. Et il en était ainsi, car, on se le rappelle, ils avaient des dimensions énormes. Or quelles circonstances. avaient produit et favorisé un pareil développement ?

Aujourd'hui, grâce aux emplois récents et importants du charbon, on a été conduit à rechercher de nouveaux gisements de cette substance, et on a ainsi étudié d'une façon complète presque tous les districts houillers du globe. Or, on a remarqué que la flore houillère était la même en tous les points de la terre, et que des plantes, qui réclament, pour se développer, une assez grande quantité de chaleur, ont vécu en des endroits, où, aujourd'hui, la température ordinaire est extrêmement basse.

On en a conclu très-légitimement qu'à l'époque houillère, non-seulement la température était très-élévée ; mais, et c'est là un point important, que partout elle était la même.

Lors même que le soleil aurait déversé, à ce moment, sur la terre, une plus grande dose de chaleur que maintenant, il en aurait inégalement échauffé les divers points, ainsi que cela a lieu de nos jours, car les positions relatives des deux astres n'ont pas changé. Où donc trouver la source de cette chaleur si intense, si ce n'est dans le globe lui-même ?

A cette époque, il venait à peine de se recouvrir d'une croûte terreuse, d'une enveloppe minérale solide ; à l'intérieur ce n'était encore

qu'une immense et ardente fournaise qui échauf-
fait, surchauffait le sol et le rendait apte à nour-
rir dans son sein une gigantesque végétation. Il
se passait, sur une grande échelle, ce que nos
jardiniers pratiquent, en faisant croître certaines plantes sur des terrains artificiellement
échauffés.

Voilà un des points de la question élucidé ;
reste un des plus importants à éclaircir : à quelle
source les végétaux ont-ils puisé le charbon qu'ils
nous ont légué ?

Ici, il nous faut faire appel à la physiologie
végétale, pour quelques instants. Les plantes,
comme les animaux, respirent au moyen d'organes spéciaux ; nous le verrons avec plus de
détails dans la suite. Ces organes ne sont autres
que les feuilles, lesquelles, à l'aide d'une infinité
de petites bouches placées à leur face inférieure,
absorbent dans l'air environnant un des éléments qui s'y trouvent toujours, l'*acide carbonique*. Ce corps est gazeux et, comme son nom
l'indique, il contient du charbon. Il résulte de
l'union intime du charbon et de l'oxygène, ce gaz
essentiel à la vie.

Cet acide carbonique pénètre dans les recoins
les plus intimes des feuilles, il traverse les parois
des petites cellules, dont elles sont formées, et
là, sous l'influence de la lumière et de la chaleur
du soleil, il subit une décomposition : le gaz
oxygène est rejeté dans l'atmosphère; le charbon,
lui, corps solide, reste dans le végétal dont il est
un des éléments essentiels.

A l'époque houillère, les végétaux, ainsi qu'on

l'a constaté, étaient conformés comme ceux de
l'époque actuelle. Ils respiraient donc de même
èt le mécanisme de cette fonction était aussi le
même. C'est donc dans l'atmosphère qu'ils ont
pris tout leur charbon.

D'après cela, la proportion d'acide carbonique
contenu dans l'air devait être très-élevée. Ce qui
semble corroborer cette opinion, c'est ce fait, reconnu par les géologues, qu'il n'existait aucun
animal à respiration aérienne, si ce n'est quelques
insectes. Car on sait que si l'acide carbonique fa-
vorise le développement de la vie chez les végétaux, il l'arrête chez les animaux, en les asphyxiant.

Cette manière de voir est très-spécieuse. En
effet, si l'acide carbonique dominait alors dans
l'atmosphère, l'oxygène devait y être en faible
quantité; et, cependant, les végétaux en récla-
maient aussi une très-forte dose. On doit à un
savant allemand, Bischoff, une hypothèse qui
est peut-être la plus juste de toutes celles faites
sur ce sujet.

Il se fonde sur ce que de tous les volcans en
activité, s'échappe constamment par des fissures
du gaz acide carbonique. Il suppose alors qu'à
l'époque houillère, les volcans étaient très-nom-
breux et d'autant plus que la croûte terrestre,
étant très-mince et à peine formée, se prêtait
mieux à des soulèvements et à des déchirements.
Ces volcans dégagaient, toujours d'après Bischoff, des torrents d'acide carbonique qui servaient à entretenir l'active végétation du moment.
C'est certainement la supposition la plus raison-

nable qu'on puisse faire dans l'état actuel de la science.

Il faut ajouter à cela que la chaleur intense produisait à la surface des eaux une abondante évaporation, et que la vapeur d'eau s'accumulant dans l'atmosphère, ne tardait pas à se condenser et à retomber sur le sol sous forme de pluies fécondantes.

On a répondu à cela, que les végétaux n'avaient peut-être pas tiré leur charbon de l'atmosphère ; mais alors, il faut admettre qu'ils l'ont emprunté au sol sur lequel ils se développaient, ou, plus exactement, à la couche fécondante qu'on nomme terreau. Or, ce terrain est précisément formé de végétaux décomposés. On voit donc, qu'à moins de tourner dans un cercle vicieux, on est conduit à penser, comme tous les géologues, que le charbon des plantes vient de l'air dans lequel elles vivaient.

D'après tout ce que nous venons de dire, le lecteur doit voir que le problème n'est pas entièrement résolu ; et cela tient au défaut presque absolu de preuves.

En présence de questions de cette nature, le savant en est réduit à demander à sa raison seule l'explication de tant de phénomènes qui n'ont laissé que des traces isolées, ou du moins, sans liens apparents. La même incertitude règne sur le mode de décomposition qu'ont subie les végétaux.

Au moment où la géologie venait de se constituer, les renseignements relatifs au terrain houiller étaient peu nombreux. Aussi, pour expliquer la formation du charbon s'appuyait-on sur un fait, qui se reproduit encore de nos jours. On a remarqué que les fleuves puissants, surtout ceux qui, comme en Amérique, sont à peine exploités, charrient des radeaux formés de débris d'arbres et de végétaux de toute espèce. Ces masses sont con-

La mine du Treuil à Saint-Étienne.

duites à la mer, qui les désagrège, les décompose dans les bas-fonds où elles se sont accumulées.

On pensait qu'il en avait été de même à l'époque houillère, et cette opinion persista jusque dans ces dernières années, lorsqu'un éminent naturaliste, M. Adolphe Brongniart, fut chargé d'examiner des végétaux fossiles, situés dans une position remarquable, dans la mine du *Treuil* à Saint-Étienne.

M. Brongniart reconnut que ces arbres, de dimensions colossales, étaient du genre des *calamites*, dont nous avons parlé déjà. Ils se trouvaient au nombre de dix environ, dans un parfait état de conservation et, chose remarquable, dans la position verticale. Il semblait que le sol, s'étant lentement affaissé, ils s'étaient enfoncés graduellement, en conservant leur direction primitive, celle avec laquelle ils avaient vécu. On se souvint alors qu'en Angleterre le même fait était connu depuis longtemps, car les mines de ce pays en offrent de nombreux exemples. Dans les bassins de Bristol et de Newcastle, on trouve beaucoup de ces arbres fossiles; les ouvriers leur donnent le nom de *coal-pipes* (tuyaux de charbon). Presque toujours leur base repose sur une couche de houille; le tronc est le plus souvent formé d'une enveloppe charbonneuse, renfermant à l'intérieur une colonne de grès. L'écorce paraît avoir résisté à la désagrégation et avoir conservé sa forme, même à l'état de charbon. Quant aux parties intérieures, après de nombreuses altérations, elles ont laissé la place aux matières minérales des terrains environnants.

Ce fait vint éclairer la question d'un nouveau jour, avec quelques autres, observés vers la même époque.

Ainsi, le grand géologue Lyell raconte qu'en 1844, près de Wolverhampton, en Angleterre, en creusant le sol, on découvrit une véritable forêt enfouie au sein de la terre. Les arbres, dont elle était formée, avaient jusqu'à trois mètres de circonférence et, pour la plupart, étaient munis de leurs racines. Poussé par la curiosité, on continua de creuser, et bientôt on trouva une seconde forêt, semblable à la première, puis une troisième au dessous des deux précédentes. Pareille observation a été faite depuis, en Écosse, en France sur les côtes de Bretagne, aux États-Unis.

Toutes les mines de houille ne renferment pas des arbres verticaux, implantés dans les couches successives. Elles sont généralement formées de couches horizontales de charbon alternant avec des couches de *grès* et de cette substance, nommée *schiste,* parce qu'elle est formée de feuillets analogues à ceux d'un livre. Ces grès et ces schistes, noircis par un contact prolongé avec la houille, offrent des empreintes d'une finesse et d'une régularité parfaites, de tous les végétaux de l'époque houillère. Les nervures les plus déliées, les arabesques les plus délicates qu'elles forment, les moindres détails, tout, en un mot, y est reproduit avec la plus scrupuleuse exactitude.

Les schistes sont particulièrement remarquables. Les feuillets, qu'on en détache et qui servent à faire les ardoises, ces feuillets, le plus souvent, portent chacun une empreinte différente. A les voir, on dirait un gigantesque herbier formé par la nature, et dans lequel l'homme retrouve les vestiges de toutes les espèces disparues.

Ces empreintes sont si parfaites, que M. Brongniart a pu faire, par leur simple examen, une classification de tous les végétaux de la flore houillère, qu'il a pu donner exactement les caractères distinctifs de chacun d'eux, et même les rattacher aux espèces actuellement existantes.

Tels sont les faits épars, observés peu à peu, qu'il a fallu coordonner pour en tirer une explication rationnelle de la formation de la houille. C'est à deux géologues français, MM. Élie de Beaumont et Brongniart, que revient l'honneur d'avoir formulé les premiers une théorie qui, selon toute apparence, est la véritable. Nous allons la résumer en quelques lignes.

Une première conséquence que les savants ont tirée de l'existence des couches successives, c'est que ces diverses transformations ont dû s'effectuer pendant une période de tranquillité relative, pour notre globe, alors que le sol commençait à s'affermir en augmentant d'épaisseur. Dans les vastes et nombreux marécages, qui couvraient la terre, se développait drue et serrée cette luxuriante végétation dont nous avons parlé dans notre premier chapitre. Au sein des eaux s'accumulaient, avec le temps, les débris de fougères, de lycopodes, de sigillaires, etc., qui formaient des couches compactes et épaisses. Les pluies, on se le rappelle, étaient fréquentes et abondantes. En tombant avec violence sur les roches argileuses, elles les désagrégeaient peu à peu, se chargeaient de leurs débris et rendaient ainsi bourbeux les marécages qu'elles allaient gonfler de leurs eaux.

Ces débris minéraux, insolubles dans l'eau, et plus lourds qu'elle, ne tardaient pas à se déposer en couches uniformes et horizontales sur le lit formé par les fragments de végétaux. Sur ce terrain fécondant se développait une nouvelle et puissante végétation qui, à son tour, donnait naissance à une couche végétale. Cette dernière était recouverte bientôt par les débris terreux, et ainsi se formaient les couches successives de charbon d'une part, de schistes et de grès de l'autre.

D'autres fois, le sol, à cause de sa faible épaisseur, subissait l'influence du noyau liquide et incandescent du globe; brusquement il se déprimait, formait une excavation en entraînant avec lui les végétaux dont il était recouvert. Ceux-ci, conservant leur direction verticale pendant cette chute graduelle, disparaissaient sous les eaux et se trouvaient bientôt entourés de fragments de plantes qui les maintenaient dans leur position primitive. De cette façon, on rend compte de la présence et de la situation particulière de certains végétaux dans les mines que nous avons citées.

C'est alors que, sous l'influence de la chaleur intense du globe, de l'action corrosive des eaux, de l'énorme pression des couches supérieures, c'est sous l'influence de tant de causes si puissantes que ces masses de végétaux se décomposaient. Les éléments dont ils étaient formés se séparaient pour donner naissance à des unions plus stables dans ces conditions. Ici se déposait la majeure partie du charbon; là, l'autre partie

se combinait en proportions variées avec l'hydrogène, formant ainsi le gaz, nommé grisou,
les huiles de pétrole, etc., tous corps dont nous
parlerons dans la suite. Les autres éléments
s'alliaient aussi entr'eux et produisaient une
foule d'autres matières très-diversement employées aujourd'hui.

En comparant la composition actuelle de l'atmosphère à celle de l'époque houillère, on arrive
à ce résultat, vraiment étonnant, mais nullement
exagéré, qu'il aurait fallu cinq cent mille ans
pour que toutes ces décompositions et ces unions
successives aient pu se produire. Un naturaliste
allemand, Karl Müller, porte même ce nombre
d'années à neuf millions. Quoiqu'il en soit, il est
certain qu'il a fallu une période d'années considérable, pour produire un tel état de choses;
mais il ne faut nullement espérer pouvoir la dé-
terminer exactement. D'ailleurs c'est une question de détail; et il vaut mieux porter ses efforts
sur d'autres points plus faciles à éclaircir, et en
même temps plus féconds en résultats utiles.

Telle est en résumé la théorie admise aujour-
d'hui sur la formation de la houille; et, s'il en
fallait une confirmation éclatante, on la trouverait dans la production des tourbières actuelles,
où se passe précisément la même série de phénomènes, que nous venons de décrire; on la
trouverait encore dans l'examen attentif des débris végétaux des mines de houille.

Lorsqu'on considère, en effet, ces fragments, on
reconnaît fréquemment l'existence d'une enveloppe charbonneuse qui s'est substituée à l'écorce

primitive. Tous ces débris paraissent aujourd'hui, à ceux qui en ignorent l'origine, de véritables pierres noires. C'est qu'en effet, ils sont incrustés par un certain nombre de substances telles que l'argile et les grès qui leur donnent l'apparence de minéraux. La couche charbonneuse, dont nous parlons, reproduit bien plus fidèlement, bien plus exactement que l'enveloppe d'argile, les caractères distinctifs du végétal ainsi décomposé. Il y a plus : cette écorce de charbon a une épaisseur plus ou moins grande, suivant que l'écorce primitive était, elle-même, plus ou moins épaisse. Il est donc parfaitement logique de supposer que l'enveloppe charbonneuse n'est autre que le résultat de la décomposition de la véritable écorce; et ce que nous disons peut être appliqué à toutes les autres parties constituantes des plantes...

Si j'ai pu réussir à vous faire comprendre cette ingénieuse théorie, cher lecteur, sans être prodigue de votre admiration, vous vous joindrez à moi pour la témoigner vivement à la géologie et à ses glorieux fondateurs; à cette science admirable, qui, guidée par la raison de l'homme, lui a permis de remonter le cours des âges, pour arracher à la terre le secret de sa formation et de ses évolutions successives.

CHAPITRE III

UNE MINE DE HOUILLE.

Après vous avoir fait assister rapidement aux transformations de la terre, après vous avoir décrit une forêt antédiluvienne, nous allons ensemble explorer l'un des nombreux gisements de ces forêts enfouies ; nous allons faire une excursion dans une mine de houille.

Et d'abord disons un mot de l'histoire de cette substance.

Il y a seulement un siècle que l'on a commencé à utiliser la houille sur une grande échelle. Les Chinois ont certainement connu le charbon de terre ; mais son usage était chez eux fort limité, il servait seulement à cuire la porcelaine. Les Romains dédaignaient cette vulgaire pierre noire, ils n'ont pas soupçonné un seul instant le prix d'une pareille matière. Les Grecs ne l'estimaient pas beaucoup plus ; leurs forgerons s'en servaient quelquefois, à défaut d'autre combustible. Bien

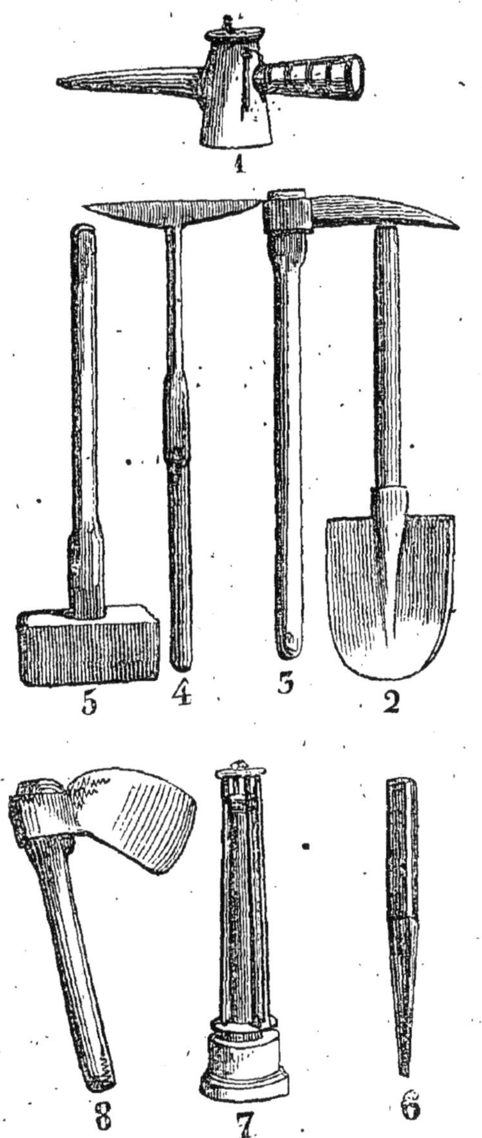

Les outils du mineur.

1. Lampe que les mineurs portent au chapeau. — 2. Pelle. — 3. Pic. — 4. Louche. — 5. Masse. — 6. Coin — 7. Lampe de sûreté ou de Davy; — 8. Hachette.

plus, pendant le moyen-âge, à Londres et à Paris, il était défendu de l'employer, sous peine d'amende et même de prison.

Au XVIIIe siècle le charbon commence à triompher des résistances qu'on oppose à son emploi. Quelques-unes des industries qui exigent l'intervention du feu, de températures très-élevées, l'utilisent avec succès. C'est alors que Savery, Newcomen, Watt inventent et perfectionnent successivement la machine à vapeur. D'abord fixe, elle devient mobile; la locomotive est inventée. Le charbon est désormais indispensable et, à chaque progrès réalisé, la consommation qu'on en fait va en croissant. Bientôt on découvre que cette pierre noire donne naissance à un gaz éclairant ; des usines se fondent pour la distiller et en absorbent des quantités considérables.

Aussi est-ce du jour où la vapeur est employée comme moteur, que date réellement le règne du charbon dans l'industrie; c'est à partir de ce moment que l'extraction de ce précieux combustible se perfectionne, prend rang parmi les grandes industries et qu'elle suit cette marche ascendante pour arriver de nos jours à l'immense développement que chacun sait.

Quoique très-court, cet aperçu sur le rôle du charbon permet, pour le moment, de juger de toute l'importance de cette matière. Nous allons maintenant descendre dans les entrailles de la terre, où elle se tient cachée et où l'homme est obligé de l'aller chercher au prix de laborieux travaux, de nombreuses peines, et en affrontant des dangers plus nombreux encore.

L'entrée d'un puits de mine.

Allons au *puits de mine*.

Avant de le creuser, on a dû fouiller le terrain à cet endroit pour s'assurer s'il contenait de la houille. A cet effet on a pratiqué le *sondage*, opération fort longue et fort coûteuse.

Pour l'effectuer on enfonce dans le terrain des tiges de fer en forme de vrilles, nommées *burins* ou *trépans*, auxquelles on imprime un lent mouvement de rotation. Lorsque le terrain n'est pas résistant, qu'il est formé de sable, en un mot, lorsqu'il est *meuble*, suivant l'expression consacrée, l'opération n'est pas difficile; mais s'il s'agit de percer des roches dures, le sondage n'avance qu'avec lenteur et difficulté. La partie inférieure du *burin* est disposée de façon à retenir un échantillon du terrain qu'elle traverse; cet échantillon examiné avertit l'ingénieur du moment où il arrive à la couche de houille.

De tous les sondages, celui exécuté à la Mouille-Longe, au Creusot, a duré le plus de temps. Il a fallu *quatre* ans pour parvenir à la profondeur de 920 mètres, la plus grande à laquelle on ait atteint de cette façon. Malheureusement le trépan se trouva engagé au fond, où, malgré tous les moyens employés pour le retirer, il est resté; ce qui a fait abandonner l'opération.

Le sondage terminé, et la profondeur de la couche de houille étant connue, on creuse un puits. L'opération est plus ou moins longue, suivant que le terrain est rocailleux ou friable. Dans ce dernier cas, on recouvre les parois du puits de boiseries ou de murailles pour combattre la poussée du terrain qui tendrait à les rapprocher. Le puits reçoit généralement le nom d'un saint du calendrier ou un numéro d'ordre; ainsi on dit : le puits Sainte-Barbe, ou le puits n° 3.

Il est divisé en trois compartiments ; le premier pour le passage des tonnes servant à monter à la surface le charbon abattu dans la mine, le deuxième pour l'installation des échelles conduisant au fond de la mine ; le dernier pour le tuyau d'aspiration d'une puissante pompe destinée à puiser dans les galeries l'eau qui s'y infiltre constamment.

Le puits est généralement ouvert dans la campagne. A l'orifice une charpente solide, aux formes massives, qu'on nomme *chevalement*, soutient une énorme poulie sur laquelle s'enroule le câble, auquel on suspend les *bennes*.

Certains puits présentent une installation plus commode et surtout plus économique. Plusieurs *bennes* placées les unes au dessous des autres, glissent le long de deux tiges fixes et parallèles à l'axe du puits. Autrefois on employait des câbles ronds en fil de chanvre, aujourd'hui on les fait plats en fil de fer ou d'aloës. On évite ainsi un des plus terribles dangers auxquels sont exposés les mineurs : la chute au fond du puits.

Une machine à vapeur est installée à côté du chevalement pour enrouler et dérouler successivement le câble, de façon à monter ou descendre les bennes qui y sont suspendues. Une autre machine énorme, beaucoup plus considérable que la première, sert à mettre en mouvement la pompe d'épuisement de la mine.

Près de là, s'élèvent de vastes hangars où se font le triage et le lavage du charbon. Dans certains districts houillers, se trouvent, depuis quelques années, des machines qui utilisent la poussière et les menus fragments de houille qui ne peut être livrés au commerce. On les comprime pour en faire des *briquettes*, avec lesquelles on chauffe maintenant les locomotives et un grand nombre de machines à vapeur.

Le puits étant creusé, on perce les galeries. La difficulté est la même que pour le forage du puits. Les galeries taillées dans des terrains *ébouleux* sont boisées ou muraillées suivant le plus ou moins de stabilité des parois.

" Les galeries muraillées peuvent avoir la forme de voûtes ovales ou en plein cintre ; les galeries boisées sont disposées différemment : de distance en distance, on établit des cadres de bois en forme de trapèze, entre lesquels on chasse des planches ou des bois ronds non équarris. Les plus grandes galeries ont au plus deux mètres de hauteur et deux mètres et demi de largeur.

Quand les galeries sont ouvertes, on commence l'exploitation. Pour qu'elle se fasse d'une façon régulière et méthodique, on procède à l'aménagement de la mine. Ainsi certaines galeries sont affectées à l'aérage, d'autres au roulage, d'autres enfin au passage des eaux. Ces dernières sont même employées, dans certaines mines, comme voies de transports ; on charge la houille dans de petits bateaux que l'eau amène jusqu'à la base du puits, en se rendant au réservoir qui y est situé.

Descente par les échelles.

Descente par les bennes.

Il est temps maintenant de descendre dans la mine, pour y voir le mineur à l'œuvre. Deux moyens s'offrent à nous : la descente par la benne ou par l'échelle. N'allez pas croire que l'échelle soit unique, et de la hauteur du puits. Songez donc qu'il y a des puits de *cinq cents* mètres de profondeur. De distance en distance il y a des paliers, reliés entre eux par des échelles très-étroites ; elles donnent passage au corps d'un homme seulement. Elles sont glissantes, humides, boueuses. Les mineurs, qui les escaladent ou les descendent, portent leurs lampes accrochées à leurs chapeaux de gros cuir ; car il faut faire usage de ses deux mains, dans cette sorte d'immense tuyau ou règne une complète obscurité.

Malheur à celui dont le pied glisserait ou qui lacherait le barreau ! Précipité dans l'abîme de palier en palier..... Le froid vous saisit dans le dos quand on y songe.

La descente par la benne est plus courte, mais tout aussi dangereuse. Elle ne dure que *quinze* minutes pour une profondeur de *cinq cents* mètres ; tandis que par les échelles on met environ trois quarts d'heure.

C'est une sensation étrange que celle qu'on éprouve à la première descente dans une mine. Tout à l'heure la lumière, et subitement l'ombre. L'ouverture du puits, béante et noire, fait peur. Quand, penché sur le gouffre, on regarde dedans, on recule instinctivement de frayeur. Il faut se faire violence pour mettre le pied sur l'échelon, ou pour se placer dans la benne soit à cheval, soit debout sur le bord.

Enfin vous vous installez, le signal du départ est donné, la machine souffle, le câble se déroule. Alors la peur vous saisit de nouveau. Vous dites d'arrêter. Il est trop tard ; on part ; on est parti. A ce moment, si vous êtes peureux, vous vous recroquevillez au fond de la benne, le cœur oppressé et l'esprit obsédé par mille tristes pensées. Si, au contraire, surmontant la frayeur, vous vous êtes assis sur le bord, serrant avec force une des cordes qui la rattachent au câble, vous assistez à un curieux spectacle.

D'abord une sensation indéfinissable paralyse

toute gaieté. A la lueur terne et vacillante des lampes de mineurs, vous ne voyez autour de vous que des murailles suintantes. De temps en temps, vous apercevez des trous noirs dans la paroi, ce sont des ouvertures de galeries. Enfin, la benne est arrivée au fond. Vous respirez à l'aise, quoique la chaleur soit insupportable.

La température, d'après de nombreuses observations, croît de *un degré* pour une augmentation de profondeur *de trente-trois mètres* environ.

On débouche à la *place d'accrochage :* c'est là qu'on détache les bennes pleines ou vides. Suivons une des nombreuses voies ferrées qui aboutissent à cette place ; car le charbon est traîné dans de petits wagons qui roulent sur des rails. Nous arrivons ainsi à un *chantier d'abatage.* Là, fantastiquement illuminés par leurs *lampes de sûreté*, les mineurs travaillent du *pic*, de la *pince* ou de la *pelle*. Les *pics* ne suffisent pas toujours, et souvent même, pour aller plus vite, on fait sauter des quartiers de houille avec de la poudre.

Chantier d'abattage. — Le travail à col tordu.

Parcourons les galeries. Les *wagons* vont et viennent traînés par des chevaux, poussés par des hommes. Dans les mines d'une étendue considérable, on a installé des locomotives. Il y a dans cette espèce de ville souterraine de grandes et petites rues, des boulevards et des avenues, des ruelles et des culs-de-sac. L'eau coule continuellement dans les galeries, et certaines d'entre elles possèdent de véritables égouts, formés par le vide laissé au dessous des planchers artificiels.

Qui de vous n'a pas songé, en lisant dans les journaux — trop souvent, hélas ! — le récit de terribles catastrophes survenues dans les mines, qui de vous, dis-je, n'a pas songé à combien de dangers de toute sorte sont exposés les mineurs ?

Braves et courageux travailleurs, ils passent la moitié de leur vie sous terre, à des profondeurs immenses, à peine éclairés par la faible lueur de leur lampe ; ils creusent sans relâche les entrailles fécondes de la terre. Dans des souterrains aérés artificiellement et si étroits parfois qu'il faut se tenir accroupi, où l'air épais et chaud gêne la respiration, ils sont là, solitaires, nus où presque nus, en sueur, tout couverts d'une couche noirâtre et luisante.

Menacés à chaque instant par un éboulement, par une subite irruption d'eau, par l'explosion du *feu grisou*, ils n'en demeurent pas moins imperturbables, attachés à la terre qui les fait vivre, et beaucoup d'entre eux préfèrent les ténèbres d'en bas, au soleil radieux d'en haut.

On les a fort justement comparés à des soldats. Ah ! comme eux ce sont des combattants ! mais

3.

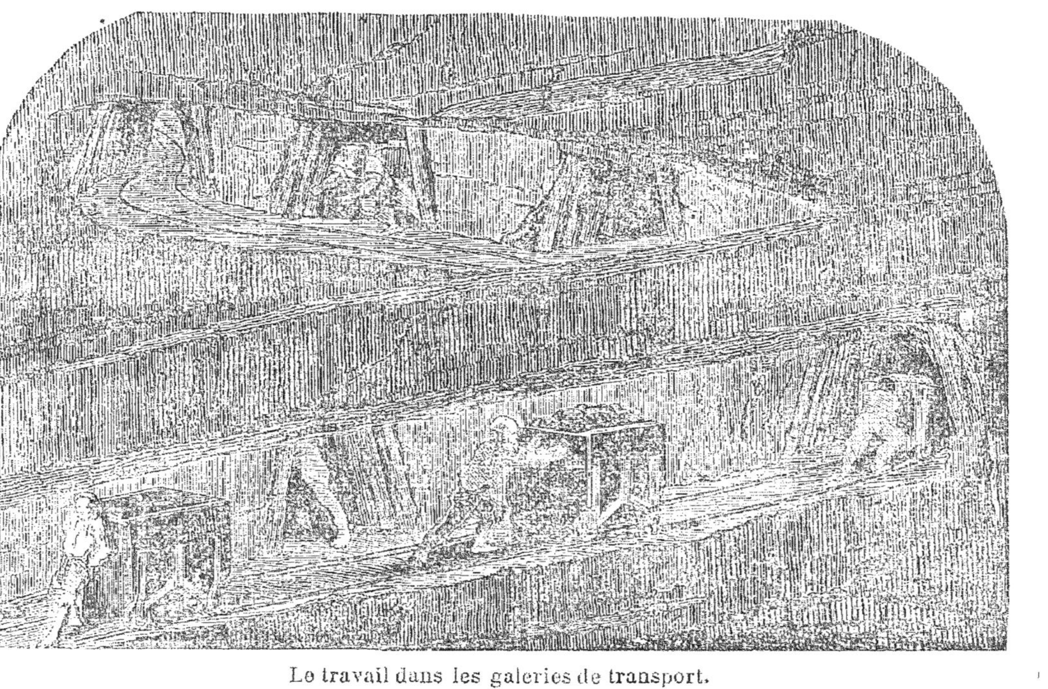

Le travail dans les galeries de transport.

leur lutte est plus noble. Lutter contre les éléments est un honneur ; lutter contre ses semblables, en bataille rangée, n'est qu'un acte de barbarie. Il n'y a que les marins dont les dangers et la bravoure soient comparables à la bravoure et aux dangers du mineur.

Soldats, comme leurs frères de l'armée, ils luttent, mais avec cette différence que le danger à affronter, est caché, et qu'il peut éclater à tout instant ; véritable épée de Damoclès, il est suspendu à toute heure sur leur tête.

Nous voici arrivés à la partie la plus pénible de notre tâche ; il nous reste à faire la trop longue et trop douloureuse énumération des périls auxquels se trouve exposé le mineur pendant toute la durée de sa laborieuse carrière. Faisons cette description le plus brièvement possible.

Commençons par le *feu grisou*. Le lecteur, verra dans un chapitre suivant quelle en est la nature. Il est produit par la combustion d'un gaz, résultant de l'union intime, de la combinaison du charbon et de l'hydrogène, ainsi que disent les chimistes.

Dans les mines, entre les couches de houille humide s'opèrent des réactions lentes : le gaz hydrogène s'unit en diverses proportions avec le charbon pour former différents composés. Un, d'entre eux, qu'en chimie on nomme *hydrogène carboné*, est précisément celui qui donne naissance au feu grisou. Voici comment: ce gaz, plus léger que l'air, s'élève dans les parties supérieures des galeries et se mêle avec lui en formant

Une explosion de grisou.

un mélange explosif. Si un mineur infortuné passe, avec une lampe ordinaire dans la galerie où s'accumule le *grisou*, une détonation violente, suivie le plus souvent d'un éboulement, se produit instantanément en donnant naissance aux plus graves accidents.

Aujourd'hui, les explosions dans les houillères sont moins nombreuses qu'au commencement du siècle, alors que les mineurs n'étaient pas munis de la *lampe de sûreté*, dite lampe de Davy, du nom de l'inventeur.

Mais de 1812 à 1814, les accidents, produits par le feu grisou, furent si fréquents dans les mines anglaises, que les ingénieurs vinrent consulter S. Humphry-Davy et le prièrent d'apporter quelque remède à un si désolant état de choses. Après de nombreuses recherches, Davy remarqua, qu'en écrasant une flamme avec une toile métallique, la flamme ne la traverse pas, parce que le métal la refroidit assez pour l'éteindre. Cependant les gaz combustibles de la flamme traversent les mailles de la toile, sans rien perdre de leur combustibilité, car si l'on approche au dessus de la toile une allumette enflammée, le courant gazeux prend feu et continue la flamme, primitivement interrompue.

Cette expérience si simple donnait la solution du problème. Davy, en effet, construisit pour les mineurs une lampe ordinaire entourée d'un cylindre de toile métallique, et grâce à ce perfectionnement aussi simple qu'ingénieux, le mineur aujourd'hui se trouve en garde contre l'un des plus terribles accidents. Qu'il pénètre, en effet, dans une atmosphère chargée de *grisou*, le gaz, tout en restant combustible, traverse la toile métallique, et va se brûler intérieurement, à la flamme de la lampe ; les produits de la combustion ressortent, mais la flamme reste concentrée derrière la toile, en produisant une légère détonation.

Une pareille lampe, quoique avec de grands avantages, n'est pas sans inconvénient; la lumière qu'elle fournit est si faible qu'elle permet à peine à l'ouvrier de distinguer les objets à l'intérieur des galeries. M. Combes, célèbre ingénieur français, la perfectionna, en remplaçant la partie de la toile métallique qui est à la hauteur de la flamme par un tube de verre très-résistant.

Ainsi donc il n'y a plus de danger avec cette lampe. Les explosions sont plus rares maintenant, et si quelques-unes sont venues dans ces derniers temps jeter la désolation dans les districts houillers, il faut les attribuer presque toutes à l'imprudence des mineurs qui, soit pour avoir plus de lumière, soit pour allumer leur pipe, ôtent le chapeau métallique de la lampe. C'est au point qu'on a dû les fermer à clef avant la descente dans la mine.

Quand l'explosion a lieu dans la lampe, celle-ci s'éteint et l'ouvrier en est quitte pour rester dans l'obscurité, où il sait se guider par une longue habitude.

On a proposé, il n'y a pas longtemps, un moyen très-simple pour faire brûler le grisou sans danger. Il suffit d'entretenir dans la mine de faibles étincelles électriques, qui enflamment le gaz au

fur et à mesure de sa production. Cette combustion
est assez faible pour se produire impunément.

Parmi les dangers sérieux qui menacent les
mineurs, il nous faut encore citer les éboulements et les inondations.

Les éboulements sont produits par la pression
du terrain sur les parois ; celles dont la boiserie
n'est pas assez solide, cèdent à cette énorme
poussée, et malheur aux ouvriers qui sont
dans les galeries. Broyés entre les charpentes et
les blocs de charbon, ou tout au moins estropiés,
il leur faut attendre, quand ils n'ont pas été tués
sur le coup, que les travaux de sauvetage soient
organisés. Les éboulements sont assez fréquents.
Quelquefois d'énormes quartiers se détachent
des schistes et des charbons friables qui les en-
tourent, tombent sans que rien ait pu faire prévoir leur chute.

L'inondation dans la mine n'est pas moins
redoutable que l'éboulement et l'explosion. Elle
provient quelquefois de l'eau contenue dans de
vieilles excavations abandonnées. Cette eau elle-
même arrive le plus souvent du sol par de
lentes infiltrations ; et, avec le temps, elle finit
par s'accumuler en masse considérable.

Quelquefois aussi, après des pluies torren-
tielles, l'eau, s'engouffrant dans le puits, inonde
les galeries ; balayant tout sur son passage, elle
emporte hommes et chevaux, broye les charpentes et les wagons, et sème le ravage et la destruction dans toute la mine.

Ah ! quel navrant spectacle offre aux sauve-
teurs cette mine que naguère l'activité et la vie

animaient de toutes parts! Sur l'eau noire, la torche éclaire subitement le visage verdâtre des noyés ; des poutres brisées en mille morceaux flottent avec les cadavres déchirés. Un silence de mort règne dans toutes les galeries.....

Arrachons-nous à ce douloureux spectacle, pour n'y plus revenir, et contemplons maintenant le tableau plus consolant des merveilleux effets du charbon transformé de mille manières par l'industrie et répandu dans le monde entier par le commerce.

CHAPITRE IV

LES DIFFÉRENTS ÉTATS DU CHARBON.

« L'habit ne fait pas le moine » dit-on. Cette
vérité, si juste dans le monde moral, paraît l'être
aussi dans le monde physique. Quand on exa-
mine les différents corps de la nature, on est
frappé du nombre vraiment considérable de
substances auxquelles le chimiste donne le nom
commun de *charbon*. Toutes ces matières, si
diverses d'aspect, si différéntes par les propriétés,
ne sont qu'une seule et même matière aux yeux
du chimiste; toutes, lorsqu'elles sont soumises
aux procédés d'analyse, aux méthodes d'investi-
gation que fournit la science, toutes ne se révè-
lent au savant le plus exercé que comme du
charbon, et seulement du chàrbon.

Ce sont ces diverses variétés de charbon que je
voudrais passer en revue, en donnant quelques
détails sur l'origine, la production et lés usàges
de certaines d'entre elles, moins importantes que

les autres, auxquelles plusieurs chapitres sont consacrés.

Nous connaissons le charbon à douze états différents ; dans chaque cas il porte un nom particulier. Ainsi nous avons successivement : la *houille*, le *coke*, le *charbon des cornues*, l'*anthracite*, le *graphite*, le *lignite*, le *jais*, la *tourbe*, le *noir de fumée*, le *noir animal*, le *charbon de bois* et enfin le *diamant*.

Commençons cet examen par la *houille* , telle qu'on l'extrait de la mine. C'est le combustible par excellence. Tout le monde la connaît ; on sait que c'est une substance noire, de beaucoup d'éclat, se brisant facilement, soit en fragments irréguliers, soit en feuillets uniformes. En brûlant, elle donne une flamme plus ou moins éclatante, produite par la combustion des matières volatiles qu'elle renferme ; de plus elle dégage une forte odeur de bitume. Tels sont les caractères généraux de cette subtance ; mais en l'examinant de plus près, on en peut distinguer trois

Houille grasse.

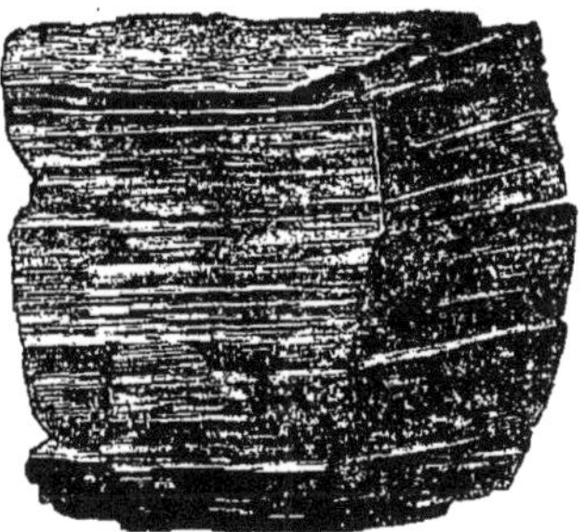

Houille maigre.

variétés : la *houille sèche* ou *maigre*, la *houille grasse* et la *houille compacte*.

La première, la *houille maigre*, possède peu de propriétés dont on puisse tirer partie. Elle a une couleur terne, plutôt grisâtre que noire ; elle s'enflamme difficilement et brûle de même, sans aucun éclat. Très-heureusement elle est peu répandue dans la nature.

La *houille grasse*, lorsqu'elle est fraîchement cassée, présente un grand éclat ; et le plus souvent la cassure offre de nombreuses irisations. Par sa combustion elle fournit une longue flamme blanche et fuligineuse ; en même temps elle augmente considérablement de volume.

Enfin la *houille compacte*, la moins abondante des trois variétés, est celle qui est employée à la fabrication du gaz d'éclairage. Aussi les Anglais la nomment-ils *Cannel-coal*, c'est-à-dire *charbon à chandelle*.

On reconnaît une bonne houille aux caractères suivants : elle doit contenir au plus 5 à 6 pour cent de matières terreuses, au moins 60 à 70 parties de charbon pur, le reste en bitume. De plus elle doit, en moyenne, élever de 0° à 100° un poids d'eau égal à 60 fois le sien. Soumise à la distillation en vase clos, la houille fournit au moins 50 pour 100 de gaz, au plus 90 pour 100.

On connaît déjà l'origine de la houille et son mode d'extraction ; il nous reste à donner quelques détails complémentaires, qui trouvent tout naturellement leur place ici.

Les couches de houille affectent une forme

particulière qui leur a fait donner le nom de
bassins. Elles occupent, en effet, le fond d'anciennes vallées et d'anciens lacs, produits par
des dépressions subites du sol, ainsi que nous
l'avons expliqué. Tantôt elles affleurent à la surface du sol, comme à Commentry et à Saint-
Étienne; tantôt elles se trouvent à des profondeurs de 600 mètres dans l'intérieur de la terre,
comme à Anzin ; d'autres fois, et c'est le cas le
plus rare, elles occupent les parties supérieures
de certaines montagnes très-élevées, les Cordil-
lières par exemple.

Les couches ont une épaisseur qui varie entre
40 centimètres et 8 mètres ; l'épaisseur moyenne
est de 1 à 2 mètres : L'extraction se fait donc
à ciel ouvert, ou dans les entrailles de la terre ;
mais toujours suivant les procédés que nous
avons décrits.

La houille, on le sait, est distillée pour fabriquer le gaz d'éclairage. Cette opération se fait
dans des cornues en terre, dans lesquelles on
trouve à la fin une substance brillante, très-dure
et très-sonore, qui a l'aspect métallique; c'est
du charbon pur mélangé de quelques grains de
sable ou d'argile, enlevés aux parois de la cornue. Cette matière, quoique entièrement formée
de charbon, possède des propriétés qu'il n'a pas
ordinairement. Ainsi elle conduit parfaitement
la chaleur et l'électricité, presque aussi bien que
les métaux, c'est du reste pour ce dernier usage
qu'on l'emploie, comme nous le verrons: Ce
charbon des cornues est d'autant plus avantageux,
dans ce cas, qu'il se laisse facilement tailler sous

toutes les formes sans sé briser ; aussi en fait-on des cylindres et des baguettes, d'une grande régularité. Il brûle difficilement, à cause de son extrême densité ; cependant à une température élevée il se consume entièrement.

Outre le *charbon des cornues*, la houille, après sa distillation, laisse encore un autre résidu, le *coke*, qui est du charbon presque entièrement pur, plus pur que le précédent. Comme lui, il possède l'éclat métallique, à un moindre degré il est vrai ; mais ce qui l'en distingue entièrement, c'est cet aspect spongieux qui lui est particulier. Vraisemblablement, la houille en se décomposant s'est boursouflée et a pris l'état pâteux en se ramollissant ; alors les gaz, en se dégageant à travers cette masse semi-fluide, ont produit les innombrables cavités qui lui donnent l'aspect spongieux.

Le coke est d'un usage fréquent et précieux, dans l'industrie, dans l'économie domestique. Il brûle sans flamme, mais en produisant une grande quantité de chaleur. Primitivement, dans les usines à gaz, il était considéré comme un résidu sans valeur. Un ouvrier, un jour, eut l'idée de le casser en fragments de diverses grosseurs, et de l'utiliser comme combustible. Dès ce moment, il acquit une valeur relativement grande, et fut employé à chauffer les locomotives, les fours des usines métallurgiques et les appartements.

Bien plus, les usines à gaz n'en fournissant pas assez, on s'avisa d'en préparer directement, et aujourd'hui cette préparation est l'objet d'une industrie très-prospère. Son principe est le même que celui de l'industrie du gaz : c'est la distillation de la houille ; mais, au lieu de n'avoir comme but principal que la production du gaz, tout au contraire, elle le néglige, ce qui permet de conduire l'opération plus régulièrement et d'obtenir du coke de meilleure qualité.

Cette opération qui, dans ce cas, porte le nom de *carbonisation*, se fait, soit dans des *meules* cylindriques, soit dans des *fours*. Nous entendons par meules des tas de houille de forme cylindrique, qu'on recouvre de terre pour éviter l'accès de l'air, et produire de la sorte une combustion incomplète.

Un mètre cube de coke pèse environ 400 kilogrammes ; 100 kilog. de houille en fournissent à peu près 60 kilog.

Anthracite.

Lignite.

Revenons maintenant aux variétés de charbon naturel ; la première qui s'offre à nous est l'*an-*

thracite. De tous les combustibles de nature minérale, c'est le plus difficile à brûler. L'anthracite n'est que de la houille sans bitume. Elle ne s'en distingue pas par l'aspect, qui est presque le même, mais par la cassure qui est lamelleuse et par les taches qu'elle laisse aux doigts, ce que ne fait pas la houille.

La difficulté qu'on éprouve à l'enflammer et à la faire brûler tient à l'absence complète de substances gazeuses ou susceptibles de se volatiliser. Sous l'influence d'une température élevée, elle brûle sans flamme, mais en produisant une grande quantité de chaleur.

L'anthracite a la même origine que la houille ; seulement on ne la rencontre que dans les plus anciennes couches de l'époque houillère, dans le voisinage des terrains ignés, formés de porphyres et de substances analogues. On pense, avec beaucoup de raison, que l'anthracite n'est que de la houille ayant subi l'action du feu de notre globe ; c'est donc une espèce de coke, très-compact, parce qu'il a été formé à une grande pression au sein de la terre.

L'anthracite trouve son emploi dans l'industrie, mais en masses moins considérables que la houille. En France, nous en possédons des dépôts importants dans le Gard, l'Isère, la Sarthe, etc. Elle est peu employée, si ce n'est à la fabrication de la chaux, destinée à l'agriculture.

Les Anglais ne l'utilisent guère plus que nous; mais les Américains, plus industrieux que les Européens, ont su en tirer habilement parti. Ils exploitent et utilisent les immenses dépôts d'anthracite de la Pensylvanie et de la Virginie, où les couches atteignent l'énorme épaisseur de 40 mètres. Depuis quelques années cependant, les industriels français ont réussi à l'employer en la mêlant avec de la houille grasse.

On désigne sous le nom de *graphite*, une variété de charbon à la structure cristalline, et à l'aspect métallique. Cette dénomination de graphite, empruntée à un mot grec signifiant écrire, vient de ce que la substance en question sert à former dans les crayons la baguette destinée à écrire. On la nomme encore, très-improprement *plombagine* ou *mine de plomb*, quoiqu'elle ne renferme aucune trace de plomb. Bien loin de là, ce n'est que du charbon, et qui plus est du charbon extrêmement pur.

Comme l'anthracite, le *graphite* est disséminé dans les couches primitives du terrain houiller. Il est cristallé en paillettes, d'une extrême régularité, ayant la forme d'hexagones ; plus rarement il forme, comme les schistes, des masses à feuillets superposés. Mieux que toutes les autres variétés de charbon, il résiste à la chaleur; ce qui l'a fait employer pour fabriquer des creusets réfractaires. On remarque cette curieuse particularité, que lors même que la température atteint le plus haut degré d'élévation que nous sachions produire, alors que le charbon ordinaire se consume rapidement, le creuset de graphite ne subit aucune altération, et sort du feu ardent tel qu'on l'y avait mis. Le graphite possède un certain nombre d'autres propriétés remarquables, sur lesquelles nous reviendrons dans la suite.

Nous venons de voir du charbon cristallisé, quoique opaque. Le charbon non-seulement à l'état cristallin, mais encore transparent, n'est autre chose que le *diamant*. L'humble *charbon de terre* et l'opulent *diamant* ne sont qu'une seule et même matière. Nous mentionnons le *diamant* dans cette énumération afin qu'elle soit complète ; mais nous donnerons tous les détails sur cette précieuse substance dans un chapitre spécial.

Pour terminer la nomenclature des espèces de charbon, tirées du règne minéral, il nous reste à parler du lignite et de la tourbe. Comme, à proprement parler, ces deux substances ne sont pas du charbon pur, mais du bois incomplétement décomposé, nous ne donnerons que peu de détails à leur égard.

Le *lignite* a l'aspect de la houille, quoique, dans certains cas, il affecte une couleur brune. Il est d'une formation relativement plus récente, ou si l'on préfère, moins ancienne que la houille. On en distingue plusieurs variétés ; celle qui se rapproche le plus de la houille est le *jais* ou, *jayet* ; c'est du lignite dont la décomposition est très-avancée. Il est très-rare et n'est employé que comme objet d'ornement.

Les autres espèces sont : le *lignite friable* qui, lorsqu'on le touche, se brise en mille fragments : il n'a aucun emploi ; le *lignite terreux*, espèce de matière molle, se modelant sous la main, et formée de bois en décomposition assez avancée ;

enfin le *lignite fibreux* dans lequel on distingue encore le tissu végétal ; c'est celui qui affecte ordinairement la coloration brune.

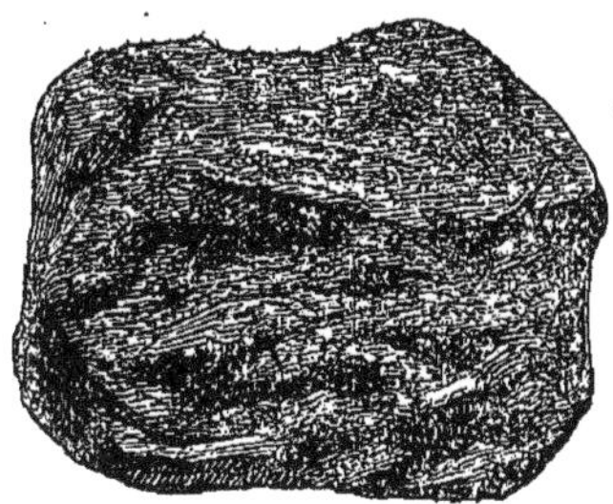

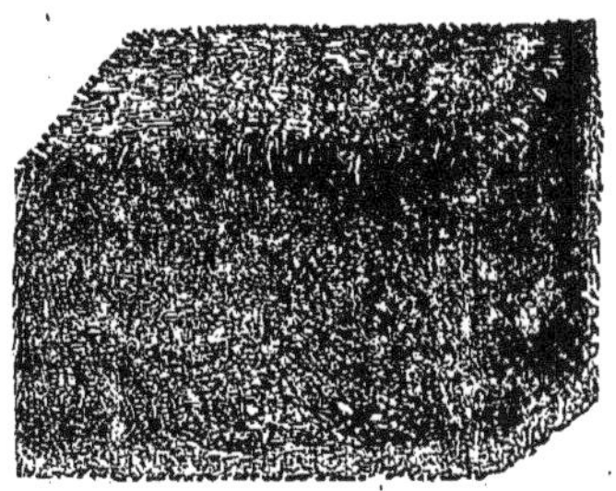

Bitume.   Tourbe.

. Le *lignite*, est moins répandu dans la nature que la houille ; il présente peu d'emploi dans l'industrie. Dans certaines localités, il renferme du sulfure de fer. Aussi l'emploie-t-on pour fabriquer la couperose verte et l'alun, notamment à Cologne, où se trouve le plus beau gisement connu de cette substance.

Au dernier degré de l'échelle se trouve la *tourbe*, qui s'éloigne, encore plus que le lignite, d'être du charbon pur. Elle est formée par la décomposition des végétaux herbacés, et plus particulièrement de ceux qui vivent dans les marais. Tantôt elle laisse voir encore des traces d'organisation, des fibres végétales, et alors elle a l'aspect d'une matière feutrée ; tantôt, et c'est le plus souvent, elle se présente sous forme de charbon léger et spongieux, d'une couleur brune très-foncée.

La composition de la tourbe étant très-variable, cette matière en brûlant dégage des quantités très-diverses de chaleur et de lumière. Soumises à une carbonisation en vase clos, certaines variétés de tourbe laissent comme résidu du *coke* d'excellente qualité, se prêtant très-bien aux usages métallurgiques. Déjà, certains hauts-fourneaux en consomment avec avantage.

On distingue deux variétés de tourbe, la *tourbe des marais* et *la tourbe pyriteuse*. La qualification de pyriteuse donnée à cette dernière, vient de ce qu'elle renferme en grande quantité du sulfure de fer, appelé *pyrite*. Souvent on observe que la tourbe pyriteuse s'enflamme spontanément à l'air, sous l'influence de la chaleur dégagée par l'oxydation de la *pyrite de fer*. Cette variété est la plus ancienne des deux ; l'autre, la tourbe des marais, est le véritable combustible, connu sous ce nom. Les gisements qu'elle forme, se trouvent dans d'immenses vallées, autrefois des marais, à quelques mètres au-dessous de la terre végétale.

Aujourd'hui encore on peut assister à la formation de la tourbe dans certains marécages, très-riches en plantes nommées *conferves*. On peut, en quelque sorte, suivre de l'œil la décomposition de tous les végétaux aquatiques. On les voit s'agglomérer peu à peu, former des masses enchevêtrées de mille manières, qui se carbonisent lentement et vont au fond de l'eau former des couches de matière combustible. Lorsqu'on recueille la tourbe déjà formée, de nouvelles couches de cette substance se reforment au bout d'un temps plus ou moins long, et ainsi de suite, sans jamais s'arrêter.

Certains pays, autrefois à l'état de marécages, sont entièrement formés par de la tourbe; la Hollande est dans ce cas; aussi est-ce le seul combustible qu'on y emploie. Chez nous on brûle la *tourbe des marais* pour en recueillir les cendres, destinées à l'agriculture, et la *tourbe pyriteuse*, pour en faire du vitriol et de l'alun.

Presque tout le charbon consommé dans le monde est, on le voit, tiré du règne minéral; malgré les nombreuses variétés et les grandes quantités de cette substance que l'homme y trouve, il a dû, pour satisfaire à de nouvelles exigences, emprunter aux règnes, animal et végétal, une partie du charbon qu'ils renferment. On a ainsi obtenu trois nouvelles espèces de charbon : le charbon de bois, le noir de fumée et le noir animal.

Le *charbon de bois* est le résultat de la combustion incomplète, à l'abri de l'air, du bois fourni par les arbres de nos forêts; nous nous bornons à le mentionner, nous y reviendrons plus tard.

Le *noir de fumée* provient aussi d'une combustion imparfaite, mais de matières gazeuzes riches en charbon. Tout le monde sait qu'en écrasant la partie supérieure de la flamme d'une bougie avec une soucoupe froide, il s'y dépose une abondante quantité de charbon très-divisé, qu'on nomme noir de fumée; le dépôt est beaucoup plus abondant avec la flamme de l'essence de thérébentine. C'est la poussière de charbon, qui, lorsqu'elle ne se dépose pas, rend certaines flammes fuligineuses.

Le noir de fumée est très-employé dans l'industrie, soit pour la fabrication de l'encre de Chine et des crayons noirs, soit comme matière colorante. Sa préparation est de la dernière simplicité. Elle se fait dans un appareil formé d'une chaudière communiquant pár un conduit latéral avec un grand cylindre de tôle. Dans la chaudière on brûle des matières végétales très-riches en charbon, telles que les pins résineux du Midi, des résines ou des goudrons. Les fumées, dégagées par la combustion, entraînent le charbon très-divisé, qui va se déposer sur les parois du cylindre en tôle. Dans ce dernier peut descendre un chapeau de forme conique, dont la base a le même diamètre que le cylindre lui-même ; il a pour but de faire tomber le noir de fumée, en frottant les parois sur lesquelles il se trouve.

La substance ainsi obtenue est loin d'être du charbon pur ; elle n'en contient que les quatre cinquièmes de son poids ; l'autre cinquième est formé par des matières étrangères, résineuses ou salines.

On sait, et nous le verrons d'ailleurs, que le corps humain est formé en grande partie de charbon : les os notamment en renferment une assez grande quantité ; les autres matières qui entrent dans leur constitution sont la craie ou carbonate de chaux, et le phosphate de chaux. Le charbon dont nous parlons, n'est pas isolé ; il forme, allié avec d'autres substances, les matières organiques des os. Si donc on soumet ces derniers à l'action d'une chaleur intense, mais à l'abri du contact de l'air, le carbonate et le phosphate de chaux non décomposés se recouvrent d'une couche de charbon extrêmement divisé, qui s'est séparé des matières avec lesquelles il était combiné. Cette calcination se fait dans des pots d'argile, hermétiquement fermés et rangés dans un four. On chauffe jusqu'au jour pendant dix heures environ ; de chaque vase se dégage alors une masse considérable de gaz et de vapeurs combustibles qui, en brûlant, entretiennent la température au point où elle est arrivée. On recueille le résidu de l'opération, et on le pulvérise ; on obtient ainsi le *charbon animal* ou *noir animal*. Comme on vient de le voir, le charbon n'y entre que dans une faible proportion, le neuvième tout au plus ; le reste est formé de carbonate et de phosphate de chaux. Aussi le noir animal est-il absolument incombustible.

Par la longueur de cette énumération, on peut juger du grand nombre de formes que le charbon affecte, du grand nombre d'états sous lequel il se présente ; mais le chimiste, qui va au fond des choses, qui le plus souvent néglige les caractères superficiels et les qualités extérieures, ne considère toutes ces substances que comme une seule et même matière à laquelle il a donné le nom de *carbone*. Elle représente à ses yeux l'une ou l'autre des nombreuses variétés de charbon et elle possède les propriétés de toutes ; c'est, en quelque sorte, un être collectif, que nous allons étudier rapidement, pour terminer ce chapitre.

La propriété la plus caractéristique du carbone

est précisément cette diversité d'aspects sous lesquels il s'offre à nous. Les chimistes, dans leur langage, nomment ce fait *allotropie*, ce qui veut dire autre aspect. La nature nous en fournit plus d'un exemple, tout aussi frappant que celui du carbone. Nous ne citerons que l'amidon, dont les corps *allotropés* sont le sucre et la fécule. Au point de vue chimique, c'est absolument la même substance dans les trois cas, qui se manifeste diversement par les caractères physiques.

Le carbone, à quelque état qu'il soit, peut brûler à l'air, et dans ce cas le produit de sa combustion est un gaz particulier, l'acide carbonique, que nous apprendrons à connaître. Que ce soit de là houille ou du diamant, du graphite ou de l'anthracite, du lignite ou de la tourbe, c'est toujours le même gaz qui se produit.

Le carbone, dans certaines conditions, indépendantes de la volonté humaine, peut cristalliser, c'est-à-dire prendre une forme géométrique, régulière; le diamant en est le plus parfait exemple, le graphite aussi, à un degré moindre. Dans le cas où il n'est pas cristallin, le charbon est appelé *amorphe*, c'est-à-dire *sans forme*, en sous entendant déterminée; la houille en est le type.

Le carbone n'a pas une densité constante; c'est-à-dire que, pris en même quantité, il ne possède pas toujours le même poids; et cela tient à la diversité de ses états.

Le carbone est insoluble dans tous les liquides connus, c'est-à-dire qu'il n'existe aucune substance ordinairement liquide, ou susceptible de se liquéfier par la chaleur, dans laquelle le carbone puisse disparaître comme le sucre dans l'eau. Ajoutons à cela que le carbone lui-même est infusible ; c'est tout au plus si l'on a pu le ramollir légèrement sous l'action d'un courant électrique formé par *six cents* piles de Bunsen. Ce sont ces deux propriétés négatives, qui nous faisaient dire plus haut, que l'homme était incapable de faire cristalliser artificiellement le carbone, en d'autres termes, de fabriquer du diamant.

Le carbone lorsqu'il est à l'état *amorphe*, c'està-dire lorsqu'il n'est ni le graphite ni le diamant, jouit de la curieuse propriété d'absorber certaines substances. Cela tient à sa grande porosité. La variété qui possède ce pouvoir absorbant au plus haut degré, est le noir animal ; après lui, viennent le charbon de bois, le noir de fumée et le coke.

Cette absorption s'exerce sur les gaz et les matières colorantes. De là l'emploi du charbon pour la désinfection et la décoloration.

Le carbone absorbe presque tous les gaz connus, mais à des degrés différents ; on a reconnu que l'absorption était d'autant plus considérable que le gaz se dissolvait mieux dans l'eau ; cependant il n'y a aucune proportionnalité entre les deux quantités de gaz dissous et de gaz absorbé.

On a remarqué qu'en agitant un morceau de charbon de bois dans l'eau minérale de Barèges, elle ne tardait pas à perdre cette odeur méphitique, due à la présence d'un gaz nommé acide sulfhydrique. C'est la même matière qui se dégage des œufs, et de toutes les substances organiques en putréfaction qui renferment du soufre. Il suffit, pour les désinfecter, de les mettre en contact avec des fragments de charbon de bois.

Quant à la décoloration, elle est surtout produite par le noir animal ; lorsqu'on filtre du vin sur cette matière, il passe entièrement incolore. Cette propriété a été mise à profit pour la décoloration des sucres. Le noir animal, lorsqu'il a servi quelque temps à cette opération, ne s'y prête plus ; mais il constitue un excellent engrais, en raison des sels de chaux qu'il renferme.

Comme application curieuse de ce que nous venons de dire, nous voulons citer la reproduction des gravures. On sait que les traits dont elles sont formées sont dûs à un dépôt d'encre grasse, contenant du noir de fumée. Si l'on place une gravure sur une dissolution de cette matière, appelée *iode*, le charbon l'absorbe peu à peu. Qu'on vienne maintenant à appliquer cette gravure ainsi préparée sur une feuille de papier amidonné et instantanément la gravure s'y reproduit en bleu. Cet effet est produit par l'iode, qui a la propriété de bleuir l'amidon, et qui dans le cas présent, ne produisant cette coloration que sur les points de la feuille amidonnée avec laquelle il est en contact, reproduit exactement la gravure.

Telles sont les propriétés *physiques* du carbone ; celles dont on peut reconnaître l'existence sans altérer la nature de la substance. Il en est d'autres, nommées chimiques, qui, pour être constatées, exigent la transformation permanente

du carbone, par son union avec d'autres substances; aussi leur étude sera-t-elle mieux placée
dans le chapitre suivant, qui traite des unions du
charbon.

CHAPITRE V

Avant d'aller plus loin, il est nécessaire de
faire connaître les principales unions du charbon avec les autres corps de la nature, unions
dont les noms reviendront fort souvent sous ma
plume dans le courant de cet ouvrage. Je n'ai
d'ailleurs, pas l'intention de parler de toutes ; un
volume comme celui-ci, que dis-je ? un volume !
plusieurs volumes comme celui-ci n'y suffiraient
pas, si l'on voulait décrire leurs caractères, leurs
usages, les moyens de les obtenir, etc. Aussi,
bornerai-je ma description aux plus importantes,
à celles qui n'ont pas de l'intérêt seulement au
point de vue de la science pure.

Et d'abord commençons par la plus importante, celle qui se produit le plus, tant naturellement qu'artificiellement : c'est *l'acide carbonique.*

Prenez une de ces longues cloches de verre

que l'on nomme éprouvette, dans les laboratoires;
plongez-y une bougie allumée, elle brûlera
quelque temps, puis là clarté diminuera graduellement et elle finira par s'éteindre. Retirez alors
la bougie sans déplacer l'éprouvette, et versez
dans celle-ci de l'eau tenant de la chaux en dissolution. Subitement vous verrez le liquide, de
transparent qu'il était, devenir trouble, laiteux.
Il tiendra en suspension une substance blanche
insoluble, qui n'est autre chose que de la craie,
que les chimistes nomment *carbonate de chaux*.
Cette matière est le résultat de l'union avec la
chaux primitivement dissoute, de *l'acide carbonique*, formé par la combustion de la bougie.

Voulez-vous reproduire le même résultat par
une expérience plus éclatante; remplissez un
grand flacon de gaz oxygène, et plongez-y un
morceau de charbon de bois en combustion. Su-

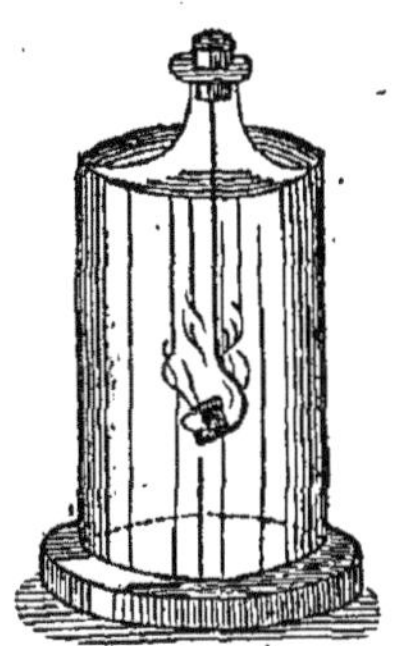

Combustion du charbon dans l'oxygène.

bitement, le charbon, qui dans l'air était à peine
lumineux, quoique incandescent, va briller du

plus vif éclat, jusqu'à ce qu'il soit entièrement consumé. L'expérience terminée, vous reconnaîtrez, comme précédemment, la nature du gaz ainsi formé.

Les conditions dans lesquelles on a opéré pour la seconde fois sont plus simples que primitivement. Le charbon et l'oxygène seuls étaient en présence ; l'un et l'autre ont disparu ; et à leur place il reste ce gaz, qu'on a nommé acide carbonique. On dit que le charbon et l'oxygène se sont *combinés*. Vous pourrez chercher plus scrupuleusement, vous ne trouverez plus aucune trace ni de charbon, ni d'oxygène ; les deux corps se sont dissimulés au sein de l'union dont nous constatons l'existence.

Assurément c'est une association fort curieuse que celle de ces deux corps. Pour vous en faire une idée, imaginez-vous l'union la plus parfaite de deux êtres, une union dans laquelle chacun d'eux fait abnégation de ses penchants, de ses goûts, de ses sympathies, de façon à former, au moral, l'ensemble le plus harmonieux, un seul être qui n'ait ni les préférences de l'un seulement, ni les sentiments de l'autre ; mais qui les possède tous ; supposez maintenant qu'au lieu de ces deux êtres, vous ayez deux corps avec leurs propriétés particulières, leurs qualités spéciales, que ces deux corps soient réunis de la même façon, et vous aurez une idée très-juste de la combinaison.

Dans une combinaison de deux corps, vous aurez beau découper la matière en fragments de plus en plus petits, ils auront exactement la

même composition que le morceau tout entier.
Vous n'y pourrez nullement distinguer les deux
corps composants, vous ne verrez jamais qu'un
ensemble parfait, harmonieux, ayant ses propriétés propres, essentiellement différentes de celles
des corps combinés.

Appliquez maintenant tout ce qui précède au
charbon et à l'oxygène, et vous comprendrez la
formation de l'acide carbonique par leur combinaison.

L'acide carbonique est un corps *composé*, par
opposition au carbone et à l'oxygène qui sont
appelés corps simples. C'est qu'en effet, ils ne
résultent pas d'une combinaison, ils sont uniques,
simples, comme on dit. Soumettez un corps composé aux puissants moyens d'analyse dont dispose
actuellement la chimie, et vous finirez par détruire la combinaison et a'en séparer les éléments. Répétez les mêmes opérations sur un
corps simple, et vous n'en retirerez jamais qu'un
seul et même corps, que le corps simple lui-
même. Analysez le charbon par tous les procédés possibles, par toutes les voies imaginables,
vous n'obtiendrez jamais que du charbon ; tandis
que l'acide carbonique se séparera facilement en
carbone et oxygène.

Ces qualifications de corps simple et de corps
composé ou combinaison, étant ainsi expliquées,
je les emploierai dans la suite, en les appliquant
aux différents corps qui s'unissent au charbon,
et aux unions qui en résultent.

L'acide carbonique est ordinairement gazeux
et incolore ; c'est dire qu'il est imvisible ; aussi

pour en signaler la présence, est-on forcé de recourir au procédé indiqué plus haut. Il est plus lourd que l'air, il pèse environ 2 grammes par litre. J'en donnerai une seule preuve, celle tirée de la grotte du Chien près de Pouzzoles, dont le sol est surmonté, jusqu'à une certaine hauteur, d'une couche de ce gaz ; le reste est formé par de l'air. Les chiens qui pénètrent dans cette grotte périssent bientôt asphyxiés, tandis que les hommes, dont la tête est au dessus de la couche d'acide carbonique, peuvent impunément y rester. Cette expérience prouve en même temps que l'acide carbonique est impropre à la vie. On avait cru qu'il exerçait sur l'organisme une influence délétère ; on a reconnu depuis, qu'il n'a aucune propriété toxique comme presque tous les autres gaz, à l'exception de l'oxygène. Il asphyxie, parce qu'il est incapable d'entretenir la vie, mais il n'empoisonne nullement comme les gaz délétères.

La meilleure preuve qu'on en puisse fournir, c'est que l'homme peut vivre, même dans une atmosphère renfermant un tiers d'acide carbonique, tandis qu'à cette dose les gaz vénéneux occasionnent toujours la mort. Nous verrons plus tard qu'il s'en produit constamment dans l'organisme, au sein duquel il circule emporté par le sang. Il est donc bien établi qu'il n'est pas vénéneux, mais simplement asphyxiant.

Pour assainir une atmosphère viciée par l'acide carbonique, on répand sur le sol de la chaux qui se combine peu à peu avec le gaz ; l'ammoniaque produit le même résultat. On peut encore

allumer un grand feu qui, échauffant les gaz de
l'atmosphère viciée, les dilate. Ceux-ci s'élèvent
alors et font place à l'air extérieur plus froid et
par conséquent plus dense.

On a souvent à recourir à cette opération, dans
les mines de houille, dans les carrières où fréquemment se dégage de l'acide carbonique.

Ce gaz est soluble dans l'eau, c'est-à-dire
qu'il peut se dissimuler, disparaître au sein de
ce liquide, dans les pores duquel il s'insinue
probablement. Seulement il ne s'y dissout qu'en
petite quantité ; pour accroître cette quantité il
faut comprimer le gaz au dessus de l'eau ; mais
une telle dissolution doit être conservée dans
un vase entièrement fermé, sinon le gaz s'en
échapperait instantanément.

L'application la plus importante qu'on ait
faite de cette propriété, est la fabrication de
l'Eau de Seltz, qui n'est autre chose qu'une dissolution d'acide carbonique à une forte pression. On reproduit ainsi artificiellement ce qui
se passe dans la nature. Il existe en effet un
grand nombre de sources dont les eaux tiennent
de l'acide carbonique en dissolution. De ce
nombre sont les eaux minérales de Spa, de Vichy
et de Seltz ; cette dernière a donné son nom au
produit artificiel.

Nous voici amené à parler de la production
de l'acide carbonique. On l'extrait de la craie
ou carbonate de chaux, où il est combiné avec
la chaux. L'opération est très-simple : on met
cette craie avec un autre acide, plus porté à se
combiner avec la chaux que l'acide carbonique.

Ce dernier se dégage alors, pendant que l'autre acide entre en combinaison. On prend généralement l'acide connu dans le commerce sous le nom d'esprit de sel et dont le nom scientifique est *acide chlorhydrique*.

On peut remplacer le carbonate de chaux par le carbonate de soude, et *l'acide chlorhydrique* par *l'acide tartrique* qu'on retire de la crême de tartre de vin. Ces deux substances ont l'avantage d'être inoffensives, et, de plus, solides. C'est avec elles que l'on forme ces mélanges pour fabriquer chez soi l'eau de seltz, dans des *gazogènes*.

L'acide carbonique se produit abondamment dans la nature; constamment il s'en dégage des volcans en activité ou éteints, des mines de houille, des carrières abandonnées, des fermentations de toute nature. Dans tous ces cas que nous venons de citer, il est libre, isolé ; mais dans beaucoup d'autres, il existe en combinaison avec un grand nombre de substances, surtout avec la chaux. Il donne ainsi naissance à du *carbonate de chaux* dont sont formés des terrains entiers, les *stalactites et stalagmites* des grottes, les carapaces de tous les mollusques, d'une foule de zoophytes, les os des animaux et des hommes, etc., etc.

Dans ces dernières années on a réussi à liquéfier et à solidifier l'acide carbonique. Soumis à des pressions considérables, dans des appareils très-résistants, en cuivre et en fonte, il prend l'état liquide et offre alors l'aspect de l'eau ; mais on ne peut le conserver à l'air libre. Il s'évapore rapidement et produit un tel refroidissement que la partie restée liquide dans l'appareil, se solidifie instantanément et ressemble alors à de la neige.

Sous cette forme, et mélangé avec de l'éther, il produit le plus grand abaissement de température qu'on connaisse, il permet d'atteindre ainsi à 110 degrés au dessous de zéro, et de liquéfier, et même quelquefois de solidifier un grand nombre d'autres gaz. Six seulement, dont l'oxygène, l'hydrogène et l'azote, ont résisté à ce procédé. La neige d'acide carbonique, mise sur la main produit la même sensation qu'une barre de fer rougie au feu; elle désorganise la peau de la même façon.

A côté de l'acide carbonique, vient se placer *l'oxyde de carbone*, qui lui est très-proche parent. L'oxyde de carbone, se compose aussi d'oxygène et de carbone ; cependant il contient moins d'oxygène. Dans l'acide carbonique, ces deux corps sont unis dans la proportion de 6 à 16 ; 6 pour le carbone, 16 pour l'oxygène, tandis que pour l'oxyde de carbone, c'est 6 de carbone et 8 d'oxygène.

Sur ce gaz il y a peu de chose à dire, si ce n'est pour mettre le lecteur en garde contre lui. Non-seulement il asphyxie, mais il empoisonne. On avait attribué cette propriété à l'acide carbonique parce que dans presque toutes les combustions, l'oxyde de carbone se dégage en même temps que lui. Respiré en faible quantité il produit un violent mal de tête, et il occasionne la mort, même lorsque l'atmosphère n'en contient *qu'un centième*. C'est un ennemi d'autant plus redoutable qu'il est invisible et inodore ; rien n'en trahit la présence, si ce n'est la migraine et les symptômes de l'empoisonnement.

La flamme bleue qui surmonte les feux du charbon de bois, ou qui s'échappe des hauts-fourneaux, est due à la combustion de l'oxyde de carbone, lequel en brûlant fournit précisément de l'acide carbonique ; il ne fait que prendre, en effet, de l'oxygène à l'air environnant.

On le prépare, soit en combinant directement l'oxygène et le charbon, soit en ajoutant du charbon à l'acide carbonique, soit enfin en décomposant certaines combinaisons d'oxygène et de carbone, telles que l'*acide oxalique*.

Lorsqu'on fait passer de l'eau en vapeur sur des charbons ardents, il se produit entre autres corps de l'oxyde de carbone, formé à l'aide de l'oxygène de l'eau. C'est le premier procédé ; si c'est de l'acide carbonique qui traverse les charbons, il se fait aussi de l'oxyde de carbone.

L'acide oxalique, que nous venons de citer, est encore une combinaison du charbon avec l'oxygène ; il entre dans la composition de ce corps, appelé sel d'oseille, et qui n'est autre chose que de l'oxalate de potasse.

Si par son union avec l'oxygène, le carbone donne peu de composés, il n'en est pas de même avec l'hydrogène. Le nombre de corps connus sous le nom de *carbures d'hydrogène* est vraiment considérable. On en jugera par ce fait que le grisou des mines, l'huile de pétrole, l'asphalte, le goudron, la benzine, etc., sont des combinaisons de carbone et d'hydrogène.

Le grisou ou gaz des marais, se dégage des matières végétales en décomposition, du sein de la bourbe noire des fossés, et enfin des masses de houille qu'on exploite actuellement. Il brûle avec une flamme très-éclairante, en donnant naissance à de là vapeur d'eau et à de l'acide carbonique. En Chine il existe des puits desquels le gaz se dégage naturellement; les habitants le recueillent et s'en servent comme moyen d'éclairage.

Un corps qui contient un peu plus de charbon que le précédent et qui est aussi un gaz, est *l'hydrogène bicarboné* ; il tire son nom de ce qu'il possède deux fois plus de charbon que le gaz des marais. C'est lui qui forme en majeure partie le gaz d'éclairage, lorsqu'il est mélangé avec de l'hydrogène *protocarboné*.

On donne le nom de *bitumes* à des matières naturelles qui, comme la houille, paraissent provenir de la décomposition des végétaux. Formés de carbone et d'hydrogène, ils constituent un groupe très-étendu, dont les principales espèces sont le pétrole et l'asphalte.

Ce qu'on nomme ordinairement huile de pétrole, dans le commerce, est un mélange de six de ces carbures d'hydrogène. Ces huiles existent toutes formées dans la nature; on en trouve des sources en Italie, en Perse et en Amérique par exemple. C'est dans ce dernier pays surtout qu'elles ont le plus d'importance.

Dans le Canada et la Pensylvanie, où il existe des nappes souterraines très étendues de pétrole, on a creusé des puits pour les atteindre,

Exploitation du pétrole aux États-Unis

et aujourd'hui cette exploitation se fait sur une grande échelle. Le pétrole, en effet, jouit d'un grand pouvoir éclairant ; en ce moment on cherche même à l'employer comme combustible pour le chauffage.

De plus, comme il dissout très-bien les résines et les substances grasses, il rend de grands services dans la fabrication des vernis, où il remplace avantageusement l'essence de thérébentine ou l'alcool.

Les huiles de pétrole employées dans l'économie domestique sont, comme nous le disions, des mélanges de plusieurs liquides différents portant le même nom de pétrole ; aussi la composition en est-elle très-variable. Certaines de ces huiles sont très-volatiles, et les vapeurs qu'elles émettent peuvent, en s'enflammant, occasionner des détonations et des incendies.

Le pétrole purifié constitue *l'huile de naphte.* Quant à l'asphalte, c'est encore un carbone d'hydrogène, le plus souvent mélangé de sable et de craie. Cette substance nous arrive de Judée, où la Mer Morte en fournit de grandes quantités; elle jouit de la curieuse propriété d'être impressionnée par la lumière à la manière des sels d'argent; c'est avec le bitume de Judée' que Niepce de Saint-Victor a découvert le principe de la photographie. Il existe quelques gisements de cette matière en Alsace, et à Seyssel en Savoie.

La *benzine* appartient au même groupe de corps que les précédents ; elle est liquide, trèsvolatile, et douée d'une odeur vive et pénétrante.

La propriété qu'elle a de dissoudre les corps gras la fait employer pour détacher les tissus de toute nature. Nous parlerons de sa préparation à propos du gaz d'éclairage.

Nous citerons encore la *naphtaline* qui se dépose dans les cuves de purification en cristaux réguliers. Le *caoutchouc* et la *gutta-percha* sont aussi formés de carbone et d'hydrogène. Ces deux substances sont fournies par le suc de certaines plantes exotiques. Le *caoutchouc* vient du *ficus elastica* et du *siphonia cahucha*, arbres qui croissent surtout à la Guyane, au Brésil et à Java. La *gutta percha* est fournie par le végétal nommé *Isonandra percha*, qu'on trouve à Singapour et à Sumatra.

Nous avons vu que le carbone peut s'unir avec l'oxygène et l'hydrogène séparément. Les trois corps unis en proportions diverses 'et ensemble, forment tellement de substances différentes qu'il est impossible de les énumérer. Qu'il nous suffise de dire que tous les principes des végétaux, des animaux, les résines, les baumes, les acides d'origine organique, les corps analogues à la nicotine et connus sous le nom d'alcaloïdes végétaux, etc. etc. appartiennent à cette catégorie, et on comprendra facilement l'impossibilité dans laquelle nous sommes de parler de tous ces corps.

Comme combinaisons simples, il nous reste à citer celles que le carbone donne avec l'azote seul, ou avec l'azote et l'hydrogène réunis. Dans le premier cas se trouve le corps nommé *cyanogène*, dans le second l'acide prussique. Le *cyanogène* est un gaz combustible d'une odeur vive, qui donne

en brûlant une belle flamme pourpre; il entre
pour une grande part dans le bleu de prusse, dont
il a été retiré par le chimiste Scheele.

De l'acide *prussique,* ou *cyanhydrique,* selon le
langage chimique, nous avons peu de chose à
dire. Ses propriétés toxiques sont bien connues.
C'est un des plus violents poisons actuellement
connus, et celui dont l'action est le plus rapide.
Quelques gouttes sur la langue ou l'œil d'un chien
suffisent pour le foudroyer instantanément. Bien
heureusement, l'acide prussique ne peut pas se
conserver ; enfermé dans des tubes de verre
scellés à la lampe , il se décompose ; aussi
est-il rarement employé dans les empoisonne-
ments.

Le carbone s'unit avec le soufre pour donner
naissance à un liquide, d'odeur fétide et nauséa-
bonde, appelé *sulfure de carbone.* Ce corps, si
désagréable à manier, présente de nombreux emplois dans l'industrie, surtout celle du caoutchouc, à cause de la facilité avec laquelle il dissout le soufre. On sait, en effet, que le caoutchouc
dit *vulcanisé* renferme une grande quantité de
soufre qui le rend souple et l'empêche de s'ag-
glutiner par l'effet de la chaleur.

Nous sommes loin d'avoir cité toutes les unions
du charbon ; il en est un grand nombre qui ne
présentent d'intérêt qu'au point de vue de la
science pure, et dont la connaissance importe
seulement à ceux qui veulent approfondir la
chimie ; d'autres, et c'est l'immense majorité,
constituent les animaux et les végétaux et sont
plus utilement étudiées dans un cours de chimie

organique. Nous nous sommes donc bornés à parler des combinaisons qui présentent des usages dans la vie domestique ou dans l'industrie, et que tout le monde peut voir.

CHAPITRE VI

C'est l'hiver. Déjà décembre a couvert la terre d'un linceul de neige. Il fait nuit, un bon feu flambe dans la cheminée. Éloigné du bruit de la foule, mollement étendu dans un fauteuil, les pieds sur les chenets, dédaigneux des frivoles plaisirs de la saison, vous regardez les flammes bleuâtres courir sur les bûches et vous écoutez silencieusement les crépitements du bois sous leurs baisers brûlants.

Au milieu de l'isolement de la chambre qu'éclairent la lampe et le foyer, on entend de temps en temps le roulement étouffé d'une voiture, ou le pas précipité d'un passant attardé. Il fait froid dehors et vous goûtez, avec une sorte de volupté égoïste, le bonheur que procure cette douce quiétude. Des étincelles brillantes partent subitement de la braise, et subitement aussi étei-

gnent leurs éclairs. Vous regardez machinale-
ment en songeant.

« Car que faire en un gîte à moins que l'on ne
songe ? »

Puisque le temps est trop rigoureux pour sortir,
et que d'ailleurs on est fort bien au coin du feu,
restons et causons d'un sujet en rapport avec la
situation où vous vous trouvez.

Voyez ce charbon qui brûle dans l'âtre, il
procure une douce chaleur qui s'insinue dans
tout notre être, dégourdit les membres, et nous
rend alertes et dispos. Peut-être ne vous êtes-
vous jamais demandé d'où elle vient, cette chaleur, quelle en est l'origine ?

Voltaire, toujours inquiet, animé d'un insatiable désir de tout savoir, se l'était posée cette
question: Dans son *Dictionnaire philosophique* on
lit : « Quelqu'un a-t-il jamais pu dire comment
une bûche se change dans son foyer en charbon
ardent. » A pareille demande, Voltaire était incapable de répondre, comme les savants de son
époque, d'ailleurs.

Plus heureux que le grand écrivain, nous
pouvons satisfaire notre curiosité à cet égard, si
curiosité il y a, car peut-être, cher lecteur, vous
la prêtais-je gratuitement. Peut-être aussi, êtes-
vous bien comme beaucoup de personnes qui,
usant souvent de la chaleur, trouvent ce phénomène de la combustion très-simple, nullement
étonnant, et ne cherchent pas à en connaître le
secret.

Nous sommes ainsi faits : aussitôt que nous
voyons quelque chose d'inattendu, d'inaccoutumé,

vite, pour en connaître la cause, nous pressons la science de questions nombreuses ; mais quand le fait se reproduit souvent, quand, pour ainsi dire, nous l'avons continuellement sous les yeux, notre curiosité s'émousse.

Eh bien, je vais vous dire une chose qui vous surprendra fort, une chose étonnante que vous prendrez peut-être pour une plaisanterie. Aussi, je commence par vous dire que je parle sérieusement.

Cette chaleur qui vous caresse agréablement, qui vous procure une si douce sensation de bien être, cette chaleur n'est autre que celle..... du charbon ? non : du soleil ; et, chose plus curieuse encore, de la chaleur empruntée au soleil, il y a des millions d'années, alors que se formaient les dépôts houillers.

C'est très-étonnant au premier abord, et au fond rien n'est plus simple. Suivez bien mon raisonnement, vous vous en convaincrez facilement.

Et d'abord, pourquoi le charbon brûle-t-il dans la cheminée ? Parce que l'air qui alimente le foyer contient, entre autres corps, un gaz, l'oxygène.

Le charbon brûle parce qu'il se combine avec cet oxygène, dirait le chimiste ; et il ajouterait qu'il se forme un gaz, l'acide carbonique, qui se répand dans l'atmosphère.

En vous reportant au chapitre des *unions du charbon*, vous comprendrez facilement ce que je viens de dire.

Cet *oxygène* et ce *carbone* veulent, pour se combiner, pour se marier, en quelque sorte, une

certaine température suffisamment élevée. Vous
savez fort bien qu'un morceau de charbon ne
brûle pas dans l'air si l'on n'a pas pris soin de
l'échauffer d'abord ; mais une parcelle seulement
de ce charbon est-elle enflammée, que sa combinaison avec l'oxygène commence a se produire ;
puis peu à peu il se dégage une telle quantité de
chaleur que la combustion se continue toute
seule, pourvu que l'air soit en quantité suffisante.

Ce développement de chaleur par la combinaison, est un fait qui se reproduit toujours, dans
tous les combinaisons, mais avec des degrés d'intensité différents. Car il est des cas où cette chaleur est en quantité si faible, qu'elle n'est pas
sensible pour nous.

Mais qu'il s'en dégage peu, qu'il s'en produise
beaucoup, il y a un point essentiel à noter, un
fait général à retenir, c'est que dans toute combinaison il y a dégagement de chaleur. J'insiste
sur ce principe, car c'est lui qui nous fournit
l'explication, la preuve de ce que j'ai avancé au
commencement de ce chapitre.

On pourrait croire qu'il est toujours nécessaire
de communiquer préalablement une certaine
quantité de chaleur, comme pour le charbon, aux
corps qui doivent se combiner. Il n'en est rien.
Prenez ces deux corps bien connus, l'*iode* et le
phosphore ; placez-les à côté l'un de l'autre sur une
soucoupe, sans qu'il y ait contact ; rien ne se
produit ; mais faites-les se toucher brusquement,
et subitement vous voyez une flamme violette
s'élancer du milieu des deux corps ; la chaleur se

dégage en telle abondance que le phosphore brûle en projetant de toutes parts des éclats enflammés, et que l'iode se volatilise et produit cette belle coloration violette de la flamme. Puis, peu à peu, l'éclat du feu diminue, l'énergie de la réaction s'atténue et, lorsque l'expérience est terminée, vous trouvez dans la soucoupe, au lieu des deux corps que vous y aviez mis, une substance brune, différant totalement, d'aspect et de propriétés, de l'iode et du phosphore. C'est une combinaison de ces deux matières ; et cet exemple saisissant, facile à reproduire, vous prouve d'une façon irréfutable le dégagement de chaleur par le seul fait de la combinaison. Aussi, je ne chercherai pas à fortifier votre conviction par de nouveaux exemples ; je la suppose maintenant bien assise, et je reviens à ma première démonstration.

Donc vous admettez qu'il y a dégagement de chaleur, quand le charbon s'unit à l'oxygène ; si ce même charbon s'unit à tout autre corps, quel qu'il soit, il en est de même.

Supposez maintenant que, par une cause quelconque, ce charbon et cet oxygène soient forcés de se séparer, de divorcer, pour continuer ma comparaison. Que va-t-il se passer ? Une chose bien simple ; les deux corps vont reprendre les quantités de chaleur respectives qu'ils avaient abandonnées lors de leur combinaison. Rien de plus logique.

Par contrat vous vous engagez à remplir un emploi, et comme garantie vous payez une certaine somme ; si l'on vous prive de cet emploi, on doit vous restituer, selon toute justice, la somme primitivement payée.

Ce qui se passe ici au moral, se produit au physique entre l'oxygène et le carbone ; pour détruire la combinaison, pour défaire ce qui a été fait, il faut rendre à chacun la chaleur dégagée à l'origine.

Or nous verrons, par la suite, que les feuilles des végétaux ont pour mission d'absorber *l'acide carbonique*, qui existe tout formé dans l'atmosphère, qu'elles le décomposent à l'intérieur de leurs cellules vertes, et que cette décomposition n'a lieu que le jour sous l'influence de la lumière et de la chaleur du soleil. Nous verrons encore que les éléments de l'acide carbonique, l'oxygène et le charbon, sont séparés, désunis ; que l'oxygène est rendu à l'air environnant, et que le charbon est fixé dans les végétaux, qui se l'assimilent et en font leur propre substance. Tous les tissus, tous les sucs, tous les organes des végétaux sont donc formés en majeure partie par le charbon. Cette matière constitue le squelette des plantes, comme le carbonate de chaux constitue celui de l'homme.

Si vous m'avez bien suivi, vous avez dû comprendre pourquoi la décomposition de l'acide carbonique dans les plantes ne se fait que le jour. C'est parce que la chaleur, comme nous l'avons dit, est nécessaire à cette désunion, et que le soleil est la seule source naturelle qui puisse, à la surface de la terre, fournir cette chaleur.

Hé bien, ce phénomène, vrai de nos jours, l'était aussi à l'époque houillère. Les végétaux

de cette période géologique respiraient comme
ceux d'aujourd'hui ; et même d'une façon bien
autrement énergique, vu la grande quantité
d'acide carbonique alors répandue dans l'atmosphère. Aussi, fixaient-ils dans leurs tissus une
masse considérable de charbon ; et par conséquent ils empruntaient au soleil une énorme
quantité de chaleur, pour la restituer au charbon.

Depuis, que s'est-il passé ? Nous savons main
tenant que ces végétaux enfouis dans le sol, soit
par des cataclysmes subits, soit par de lentes
tranformations, se sont peu à peu décomposés ;
que, insensiblement, les matières étrangères au
charbon se sont engagées dans de nouvelles
combinaisons, et ce charbon, ainsi resté seul, a
formé les dépôts de houille que nous exploitons
actuellement.

Aujourd'hui, vous brûlez de nouveau ce charbon, de nouveau vous l'unissez à l'oxygène ; aussi
il dégage de la chaleur dans le foyer, et quelle
chaleur ? précisément celle qu'il avait prise il y
a des milliers d'années au soleil, ainsi que nous
le disions en commençant.

Ici devrait se terminer ma démonstration ;
mais laissez-moi ajouter que le charbon aujourd'hui, en brûlant et en restituant ainsi à la
terre la chaleur du soleil met en mouvement
nos machines à vapeur, répand la lumière dans
nos villes, constitue les végétaux et les animaux
qui nous servent d'aliments ; et vous comprendrez alors cette ingénieuse allégorie de Prométhée qui, pour animer sa statue de terre, avait
dérobé au soleil un de ses rayons.

Il y a plus, les physiciens modernes ont démontré que le mouvement n'est qu'une transformation de la chaleur, ce qui justifie cette
idée toute récente que le soleil est la source de
toute vie à la surface de la terre, et ce qui, en
même temps, confirme cette parole prophétique
de Stéphenson qui, voyant passer une locomotive et ses wagons, s'écria : « C'est le soleil qui
fait marcher ce convoi. »

CHAPITRE VII

Avec quelle activité sourde, quelle exubérante
puissance, les végétaux renaissent à la vie, lorsqu'Avril fait couler dans leurs veines la sève
chaude et nourricière du printemps! Hier
encore, les arbres étaient secs et décharnés ; on
les eût dit morts ; mais ils n'étaient qu'endormis.
Et aujourd'hui, que la chaleur printanière est
venue réchauffer leur écorce, la sève circule
abondante et pourvoit à la nourriture des bour-
geons. Ceux-ci se développent rapidement et
alors apparaissent les vertes feuilles, puis viennent les fleurs avec leurs couleurs chatoyantes
et leurs senteurs délicieuses.

Ah ! l'admirable saison ! On suit avec une attention émue ce retour de la nature à la vie, comme
on suivrait les progrès de la santé chez un con-
valescent. Ah ! que les prairies sont vertes ! de
quelle charmante façon elles sont émaillées de

mignonnes fleurs champêtres ! Que les bois sont beaux et frais ! Tout renaît avec le printemps, les oiseaux chantent de bonheur et mille petits cris amoureux partent du sein des touffes de verdure.

Et dire que tout ce gracieux appareil de la végétation n'est pas fait seulement pour charmer nos yeux ! Outre cet inappréciable bienfait, il sert encore à purifier l'atmosphère que les animaux et l'homme vicient constamment. Et ne croyez pas que ce soit tout; à ce rôle salutaire la plante en joint un autre, l'alimentation de l'animal qui, à son tour, doit servir de pâture à l'homme.

Jusqu'à présent, vous croyiez peut-être que l'homme et les animaux respiraient seuls. Si vous ne le croyez plus, c'est que la science a pénétré depuis quelques années un peu partout, en semant la lumière sur tout son passage. Mais, au siècle dernier même, l'homme dans son orgueil n'attribuait cette fonction qu'à lui et aux animaux. Les plantes respirer ! mais où sont donc leurs bouches, leurs poumons ? Quelle folie ! Ah ! on traite bien vite de fous les inventeurs, les chercheurs, ceux qui apportent dans le courant des idées reçues un fait nouveau qui en change la direction.

Hé bien, oui, les végétaux ont des bouches, les végétaux respirent. Chaque plante n'en a pas qu'une seule ; il y en a des centaines, des milliers, dans un très-petit espace ; elles sont disséminées sur l'épiderme tout entier, et plus particulièrement sur celui des feuilles. Les botanistes nomment ces bouches des *stomates*. Certes, si vous regardez une feuille à l'œil nu, vous ne les distinguerez pas.

Pour les voir, il faut se servir du microscope, ce sixième sens de l'homme ; et encore ne faut-il pas prendre la feuille dans toute son épaisseur.

A l'aide de la pointe d'une fine aiguille, enlevez à une feuille son épiderme, tout à fait analogue à celui qui recouvre notre peau; pla-

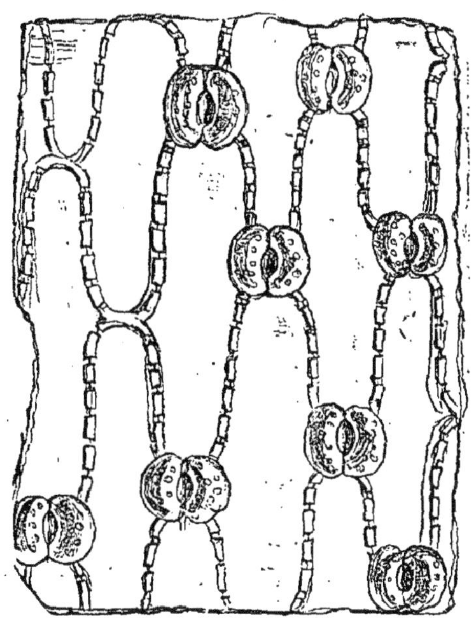

Les stomates.

cez un morceau de ce tissu, fin et transparent, sous le microscope et alors vous apercevrez trois choses distinctes: des espèces de globules accolés les uns aux autres et qu'on nomme *cellules;* ils forment le tissu épidermique; puis des *cellules* mamelonnées, ou poils; et enfin de petites ouvertures, de véritables petites bouches disséminées dans la masse et formées par les interstices que certaines cellules laissent entre elles ; ce sont les *stomates*.

Pour les plantes aériennes, ces *stomates* se trouvent à la face inférieure de la feuille, et à la face supérieure pour les plantes aquatiques. Dans une feuille de lilas on en compte *vingt-trois mille*, sur une étendue d'un *centimètre* carré.

Vous voyez donc que la plante ne manque pas de bouches pour respirer. Ah ! si elle possédait la parole, combien de belles choses elle pourrait nous révéler; mais comme la nature l'a créée discrète, il a fallu lui arracher son secret par la force et elle l'a livré.

Le mot de respiration, appliqué aux plantes, pourrait faire croire qu'elles exécutent cette fonction comme l'homme ou les animaux ; il n'en est rien. Comme nous, elles empruntent à l'air quelqu'un de ses éléments, pour se l'incorporer en partie; c'est en cela que réside l'analogie ; mais où commence la différence, c'est dans le choix qu'elle fait de cet élément. Elle prend précisément celui qui nous est inutile, bien plus, celui qui nous est nuisible. Elle s'empare d'un gaz que nous exhalons constamment, l'*acide carbonique*, et dont nous expliquerons plus loin la formation dans notre organisme.

Ainsi, en débarrassant l'atmosphère d'un gaz, qui s'oppose à l'exèrcice de la vie, le végétal joue un rôle salutaire dans la nature, et voyez quelle parfaite harmonie ; c'est en protégeant notre vie qu'il pourvoit à la sienne.

Voyons donc de quelle façon la plante accomplit ce travail d'assainissement?

Prenons un flacon à large goulot, et remplissons-le, jusqu'au bord, d'eau contenant de l'acide carbonique en dissolution, de l'eau de Seltz par exemple ; puis plongeons-y une tige végétale coupée récemment et couverte de feuilles bien vertes. Pour cette expérience, une plante aquatique, telle que le nénuphar est préférable. Fermons maintenant le flacon avec la paume de la main et renversons-le dans une cuvette pleine d'eau. Exposons l'appareil ainsi monté aux rayons directs du soleil, et regardons attentivement ce qui va se passer.

Au bout de quelques instants vous voyez se former à la surface des feuilles, de petites et mignonnes bulles de gaz ; elles s'agitent, se détachent de l'épiderme et, encore indécises, s'élèvent lentement ; puis tout d'un coup elles montent rapidement à la surface du liquide où elle viennent crever. Peu à peu leur nombre augmente, et bientôt elles forment au dessus du liquide une couche gazeuse qui le refoule dans la cuvette.

Poussons notre observation plus loin et recueillons le gaz ainsi produit; nous reconnaîtrons facilement qu'il possède toutes les propriétés de l'oxygène, c'est-à-dire qu'il rallume une allumette n'offrant plus qu'un point en ignition, et

que les corps tels que le soufre, le phosphore,
le fer même, y brûlent avec un grand éclat. Or
vous savez maintenant que l'acide carbonique
est une combinaison du charbon et de l'oxygène.
Qu'a fait la plante? Elle a décomposé cet acide carbonique, dissout cette intime association, au sein
de ses petites cellules. Elle a conservé le charbon
pour se l'incorporer et elle a rejeté l'oxygène.

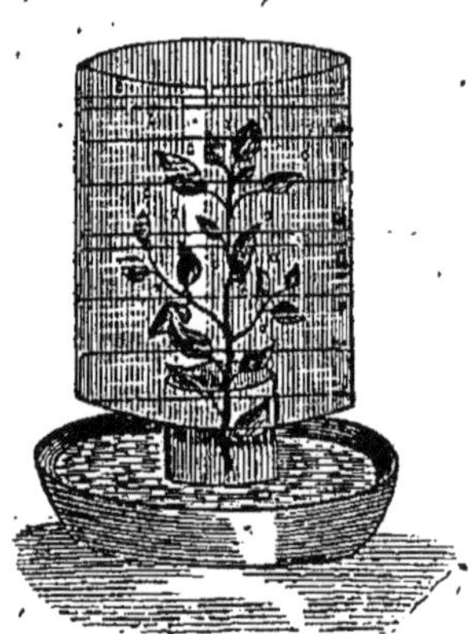

Démonstration de la respiration des plantes.

C'est à l'aide des stomates que la plante a
puisé l'acide carbonique dans l'atmosphère, c'est
par la même voie qu'elle rejette l'oxygène. Dans
le sol, elle absorbe aussi par ses racines différentes substances en dissolution dans l'eau, qui
s'élevant dans les vaisseaux constituent la sève
ascendante.

Alors avec l'eau, l'air, l'acide carbonique, qui
arrivent dans les utricules verts, la plante fa-

brique, sous l'influence du soleil, la sève descendante, laquelle, en s'infiltrant entre le bois et l'écorce, se répand dans toutes les parties du végétal et, chez toutes, porte la vie.

Dire comment de l'air, de l'eau et du charbon sont transformés en sève dans ces mystérieux petits laboratoires, dans ces délicates petites cellules vertes, c'est ce que la science ne sait pas encore. Toujours est-il que le charbon y est séparé des corps avec lesquels il était uni, et qu'il est fixé dans le végétal. Et comme la sève sert à former les cellules, le bois, le sucre, les fécules, enfin toutes les substances constituantes des végétaux, sans être précisément aucune d'elles mais en étant tout cela à la fois, le charbon se trouve disséminé dans toute la plante, dans les plus grands comme dans les plus humbles organes ; il forme la trame de tous les tissus, de tous les vaisseaux, de toutes les fibres.

Voyez quelles magnifiques conséquences la raison et l'observation, sagement alliées, ont su tirer d'une expérience si simple. Eh bien ! elle peut nous en fournir bien d'autres encore. Reprenons-la en la modifiant légèrement.

En mettant la plante à l'ombre, ou mieux encore, entièrement à l'abri de la lumière, nous verrions se produire le phénomène contraire du précédent. L'acide carbonique serait encore absorbé ; mais il serait bientôt rejeté, intact, indécomposé.

Nous arrivons donc à ce résultat important que, pour que le phénomène de la respiration et de la nutrition puisse se, produire, l'intervention de la chaleur et de la lumière du soleil est indispensable.

Pour produire cet ingénieux travail, le soleil exige un collaborateur actif ; c'est la substance verte des cellules, qu'on a affublée du nom barbare de *chlorophylle*. Sans elle, pas de décomposition de l'acide carbonique, pas de fixation du carbone, pas de vie pour le végétal. Et c'est tellement vrai, que les organes du végétal qui ne présentent pas la couleur verte tels que les fleurs et les fruits, sont incapables d'effectuer ce travail de décomposition.

Les feuilles, soumises comme l'homme à l'alternative incessante des jours et des nuits, se reposent, comme lui, pendant la nuit. Quant aux racines qui, enfoncées toute leur vie dans la terre, ne connaissent ni lumière, ni obscurité, elles ne se reposent jamais ; or, dans le sol, elles puisent les liquides qui s'y trouvent abondamment, et en même temps les diverses substances et l'*acide carbonique* qui y existent également.

Toutes ces matières, comme nous le disions plus haut, cheminent lentement dans les vaisseaux et arrivent aux cellules vertes qui sont chargées de les transformer de mille manières, de les approprier aux nombreux besoins du végétal. Mais les cellules vertes ne travaillant pas la nuit, l'acide carbonique apporté par les racines reste intact, et bientôt il est rejeté dans l'atmosphère.

Ainsi s'explique le fait que, pendant la nuit, la plante respire comme l'animal, contrairement à ce qu'elle fait dans le jour.

C.

L'air est donc le réservoir commun auquel tous les végétaux vont puiser le charbon nécessaire à leur existence. Constamment l'air reçoit des sources les plus diverses, des masses considérables d'acide carbonique, mais constamment aussi les plantes en absorbent, et rétablissent un équilibre salutaire dans l'atmosphère. Et, chose remarquable, au milieu de ces changements incessants, de ces échanges continuels de matière, l'air conserve la même composition. Il contient environ 3 à 4 millièmes d'acide carbonique, outre l'oxygène et l'azote, c'est-à-dire que sur *dix mille litres*, il y a environ 3 à 4 litres d'acide carbonique, contenant à peu près 2 grammes de charbon.

En présence de l'immense végétation qui couvre notre globe et particulièrement le Nouveau-Monde, on a cherché quelle pourrait être approximativement la quantité totale de charbon contenue dans l'atmosphère. Pour cela on a admis comme vrai le résultat que nous venons d'énoncer, et en supposant la hauteur de l'atmosphère terrestre égale à dix-neuf lieues, on a trouvé que l'atmosphère terrestre renfermait 900 millions de kilogrammes de charbon.

Ce résultat n'a certainement rien de surprenant, mais il est permis de douter de son exactitude ; car il y a une foule d'éléments dont on n'a pas pu tenir compte, tels que la densité variable de l'air, à mesure qu'on s'élève, la hauteur de l'atmosphère qu'on évalue, sans preuves suffisantes, à dix-neuf lieues, etc.

Ce qu'il faut retenir c'est que l'air renferme,

à l'état d'acide carbonique, des masses énormes de charbon, destiné à entretenir à la surface de notre globe une végétation puissante
et active et que le charbon doit ainsi indirec-
tement servir à l'alimentation des animaux et
de l'homme.

CHAPITRE VIII

LE FOURNEAU HUMAIN.

Il y a un siècle à peine que Lavoisier, dans un mémoire resté célèbre, autant par la perfection de la forme que par l'importance du sujet, écrivait ces paroles mémorables : « En partant des connaissances acquises, et en nous réduisant à des idées simples que chacun puisse facilement saisir, nous dirons d'abord que la respiration n'est qu'une combustion lente de *carbone* et d'hydrogène qui est semblable en tout à celle qui s'opère dans une lampe ou dans une bougie qui brûle, et que, sous ce point de vue, les animaux qui respirent sont de véritables corps combustibles qui brûlent et se consument. »

Cette idée, jetée au courant de la plume dans un rapport scientifique, perdue dans la masse des détails d'expérience, est devenue un des plus beaux titres de gloire de Lavoisier. Les savants modernes s'en sont emparé, l'ont développée, en ont vérifié les conséquences par l'observation et .l'expérimentation ; et c'est aujourd'hui un fait certain, démontré de la façon la plus péremptoire, que le corps de l'homme n'est qu'une simple machine à combustion, un véritable fourneau, plus compliqué, mais aussi plus parfait que ceux qui sortent de la main de l'homme lui-même.

Je voudrais, dans ce chapitre, faire comprendre comment on a pu arriver à un pareil résultat, et faire connaître les conséquences curieuses qu'on en a pu tirer.

Pour cela, examinons un peu l'acte de la respiration ; étudions-le avec quelque attention.

Vous respirez, c'est-à-dire que vous absorbez par la bouche et par le nez l'air qui nous entoure de toutes parts, et qu'ensuite vous rejetez par les mêmes voies.

Ces deux actes que vous accomplissez successivement et alternativement se nomment, dans le langage des physiologistes, le premier, l'*inspiration*, le second, l'*expiration*

Hé bien! vous êtes-vous avisé de savoir si les gaz que vous rejetiez étaient les mêmes que ceux que vous absorbiez?

Comment le faire, direz-vous?

Mais d'une façon bien simple:

Prenez de la chaux, cette matière dont les maçons se servent pour faire du mortier, et mettez-la dans l'eau. Agitez, pour que la dissolution se fasse plus vite, puis, laissez reposer la liqueur. Ensuite, lorsque la partie supérieure est bien limpide, mettez-la avec précaution dans deux vases. Soufflez dans l'un en plongeant dedans la

buse d'un soufflet : la liqueur se troublera légèrement. Mais, dans le second, soufflez avec la
bouche à l'aide d'un tube plongeant dans la dissolution ; elle va se troubler comme l'autre, mais
d'une façon autrement énergique ; il se formera
au bout de peu de temps une bouillie blanche au
fond du vase.

Donc, l'air qui nous environne et l'air que nous
chassons de nos poumons contiennent tous deux
une certaine substance qui trouble l'eau de chaux ;
mais l'air expiré la contient en plus grande quantité, puisqu'il blanchit plus énergiquement la
liqueur.

Ainsi, l'air a subi dans le corps une transformation ; il a acquis à un haut degré des propriétés qu'il ne possédait qu'à un degré très-faible.
Sa nature a donc changé : c'est là un *phénomène
chimique*.

Dans les circonstances ordinaires, l'air ne renferme que de l'azote, de l'oxygène, de l'acide
carbonique et de la vapeur d'eau. Les autres
matières, dont on signale la présence, ne s'y
trouvent qu'accidentellement. Nous venons de voir
que la quantité d'acide carbonique exhalé par
l'homme est beaucoup plus considérable que celle
qu'il avait absorbée ; il en est de même pour la
vapeur d'eau. Il y a plus : l'air restitué à l'atmosphère ne contient presque plus d'oxygène ; quant
à l'azote, il est resté sensiblement intact.

Rapprochons l'un de l'autre ces deux faits, en
apparence indépendants et isolés : l'homme emprunte à l'air de l'oxygène et émet de l'acide carbonique. Ce dernier corps est formé d'oxygène

et de carbone. On en a conclu très-légitimement que l'oxygène qui y entre est celui qui avait pénétré dans l'organisme par le fait de la respiration. Reste à savoir à quelle source a été puisé le carbone.

Nos aliments sont tirés des règnes végétal et animal ; or, on sait que tous les corps organisés, sans exception aucune, plantes et animaux, renferment une grande quantité de charbon. L'homme a emprunté le carbone à ces aliments qui, grâce à la digestion, ont été transformés, absorbés et répandus dans l'économie tout entière.

Voilà donc le phénomène parfaitement expliqué.

Carbone et oxygène, venant d'où l'on sait maintenant, se combinent à l'intérieur du corps. Mais, qu'est-ce que cette combinaison ? Est-ce un phénomène bien différent de la combustion du charbon dans le foyer ? Nullement ; c'est absolument le même, sauf que les deux corps, au lieu de s'unir brusquement, instantanément, s'allient lentement, graduellement. Dans le foyer se produisait une *combustion vive*, dans le corps s'effectue une *combustion lente* ; ce n'est qu'une question de temps.

Maintenant, rappelez-vous ce fait, que dans toute combinaison, il se fait un dégagement de chaleur spontané, si la combinaison est immédiate, graduel, si elle est lente ; et alors, vous comprendrez tout à fait la qualification de *fourneau humain* donnée au corps de l'homme.

Jusqu'ici je n'ai nullement expliqué par quel mécanisme l'oxygène passe de l'atmosphère dans

l'organisme, et comment les aliments sont mo-
difiés au point d'être disséminés dans tout le
corps. Je n'ai pas l'intention de le faire plus tard.
Ces phénomènes sont du ressort de la physiologie ; ce qui nous importe en ce moment, ce n'est
pas la manière dont ces actes s'exécutent, mais
bien les résultats qu'ils produisent ; aussi est-ce
à la description de ces derniers qu'est consacré
ce chapitre.

La formation de l'acide carbonique a exigé
une certaine quantité de carbone ; mais les aliments en fournissent à l'homme plus que cette
quantité, et cela doit être puisqu'il entre du carbone dans la composition de tous les tissus, de
tous les organes, de tous les liquides du corps
humain. Le carbone ne se combine donc pas seulement, dans l'économie, avec l'oxygène, mais
aussi avec l'hydrogène ; ces deux derniers s'unis-
sént de même pour former de l'eau ; le plus souvent tous les trois s'allient, l'azote vient quelquefois s'y ajouter, et ce sont ces combinaisons si
variées, qui forment les éléments constituants
des animaux, comme nous l'avons déjà vu pour
les végétaux.

Si nous comprenons facilement le rôle des organes et la nécessité du carbone pour leur formation, il n'en est pas de même pour l'acide
carbonique. Est-ce donc ce gaz lui-même qui
sert dans l'organisme ? Non, puisqu'il est rejeté
dans l'air. C'est par le fait de sa production qu'il
joue un rôle. Le carbone a pour but, en se combinant avec l'oxygène, de dégager de la chaleur ;
chaleur nécessaire à l'exercice des fonctions, au

travail des organes, au fonctionnement de la vie. Ainsi, c'est cette chaleur qui fait que l'homme peut affronter les basses températures du pôle sans danger pour son existence. Mais ce n'est encore là-qu'un bien minime service à côté de celui qu'elle est surtout appelée à rendre. Vous allez en juger.

Il est démontré, aujourd'hui, que la chaleur et le mouvement ne sont que des manifestations différentes d'une seule et même cause, de la force, pour employer le mot consacré. La chaleur peut engendrer le mouvement, comme le mouvement peut produire de la chaleur ; l'un se transforme dans l'autre et inversement.

Ce qui a lieu dans la locomotive, dans la machine à vapeur, se passe de la même façon dans la machine humaine : dans l'une comme dans l'autre, la combustion du charbon a pour but de dégager de la chaleur destinée, elle-même, à produire du mouvement.

C'est la chaleur qui fait mouvoir les organes, les ressorts de la machine à vapeur ; c'est elle aussiqui cause les efforts musculaires de l'homme, qui lui permet de mouvoir ses membres et de se déplacer.

On sait ce qu'une machine à vapeur peut produire de travail, en dépensant une quantité donnée de charbon. On a cherché à faire les mêmes calculs pour la machine humaine, et voici les résultats auxquels sont parvenus MM. Andral et Gavarret d'une part, MM. Reiset et Regnault de l'autre : l'homme brûle en moyenne 12 grammes de carbone par heure, 250 grammes par jour,

100 kilogrammes par an. Par cette combustion incessante, la température intérieure du corps humain varie, à l'état de santé, entre 36 et 38 degrés. Cependant nous pouvons supporter des températures comprises entre 70 degrés au dessous de zéro et 120 degrés au dessus. Dans le premier cas la vie n'est pas atteinte parce qu'il se dégage plus de chaleur qu'à l'ordinaire ; aussi est-il nécessaire d'absorber une plus grande quantité d'aliments, pour fournir plus de charbon à la combustion. Dans le deuxième cas, c'est grâce à l'active évaporation qui se produit à la surface du corps, et qui en abaisse la température.

Quant à la transformation mécanique de la chaleur, je trouve à ce sujet quelques détails intéressants et peu connus, dans une excellente conférence de M. Paul Bert. D'après ce savant naturaliste, une locomotive, pour traîner 120,000 kilogrammes à 32 kilomètres pendant 32 minutes, exige 220 kilog. de charbon.

En supposant tous les hommes de même poids, on trouve que 2,000 d'entre eux dépensent 620 kilog. de charbon pour transporter leur corps à la même distance en 10 heures. D'où il suit que la locomotive, à poids égal, dépense les *deux tiers* de la quantité de charbon consommée par les hommes et possède une vitesse *quarante-cinq* fois plus grande.

Pour porter 1,000 kilog. à 1,000 mètres de distance une locomotive brûle 3,450 grammes de charbon; un homme seul emploie pour ce travail 1,400 grammes, mais en une journée entière. La locomotive, pour un même travail seulement, coûte donc 4 fois plus.

Enfin la locomotive, en brûlant 6 kilog. de charbon, utilise en travail mécanique les *cinq centièmes* de la chaleur dégagée, et l'homme les *vingt-centièmes*. L'homme, en tant que machine, est donc beaucoup plus parfait que la locomotive. Tous ces résultats sont très-curieux ! Nous citerons encore ce dernier obtenu par M. Cazin. Ce savant a trouvé qu'un homme, pour effectuer l'ascension du Mont-Blanc, emploie 2224 grammes d'oxygène; en supposant que tout ce gaz serve à transformer en acide carbonique du charbon, il faudrait 834 grammes de ce dernier.

Les calculs, dont nous venons de donner quelques exemples, ont été poussés plus loin encore. On a reconnu qu'une personne, vivant 60 ans, brûle pendant ce laps de temps 5000 kilogrammes de charbon et que le genre humain, qui compte environ *un milliard* de représentants, absorbe par an 70,000 millions de kilog. de cette substance, quantité qui fournit à l'atmosphère 160 *milliards* de mètres cubes d'acide carbonique.

Par tout ce qui précède on a pu voir que nous étions dans le vrai, en assimilant le corps humain à un fourneau en activité. Pour terminer comme nous avons commencé, nous dirons avec Lavoisier : « Il semble que cette analogie qui existe entre la respiration et la combustion n'avait point échappé aux poëtes, ou plutôt aux philosophes de l'antiquité dont ils étaient les interprètes et les organes. Ce feu dérobé du ciel, le flambeau de Prométhée, ne présente pas seu-

lement une idée ingénieuse et poétique, c'est la
peinture fidèle des opérations de la nature. On
peut donc dire avec les anciens que le flambeau de
la vie s'allume au moment où l'enfant respire
pour la première fois, et qu'il ne s'éteint qu'à
la mort. »

CHAPITRE IX

Tout dans le monde doit payer son tribut à la mort, dont l'homme le plus souvent vient hâter la tâche. Je vous ai fait assister, il y a quelques instants, au joyeux réveil de la nature, au sortir de-ce long sommeil qui avait duré tout l'hiver. Je vais, maintenant, vous présenter un tableau plus sombre, un spectacle plus douloureux; je vais vous montrer l'homme insatiable et cruel, consommant la ruine de cette végétation à peine renaissante.

Pénétrons dans une de ces magnifiques forêts, dont la nature a si généreusement doté notre pays. La route qui y conduit est longue, le soleil darde d'aplomb ses rayons de feu, et se fait ainsi l'importun compagnon de votre voyage ; mais quand on entre sous cette voûte de verdure, quelle odeur suave et fraîche, quelle sensation de bien-être vous pénètre! Quel spectacle enchanteur s'offre à vos regards!

Ce ne sont partout que branches entrelacées, rameaux enchevêtrés. Ici, les hêtres arrondis épanouissent leur feuillage de dentelle, qui se mêle à celui du chêne robuste; là, les ormes, les bouleaux, les frênes s'enlacent fraternellement, et forment un inextricable fouillis. Ces masses verdoyantes donnent asile à la foule des insectes travailleurs, des oiseaux chanteurs, dont les gazouillements éclatent de toutes parts. Le sol, comme l'air, a sa parure; un tapis de mousse, semé d'herbes et d'arbustes de toute espèce, le garnit jusque dans ses moindres recoins.

C'est cette magnifique végétation que l'homme sacrifie en partie tous les quinze ou vingt ans. Il choisit ses victimes un peu partout, et laisse toutefois des arbres de diverses grosseurs destinés à assurer la reproduction de l'espèce.

Ceux qui sont abattus servent à fabriquer du charbon, connu sous le nom de *charbon de bois*, qui vient encore grossir la masse énorme de ce combustible que l'homme réclame pour ses besoins. Cette fabrication se fait dans la forêt même. L'industrie, aujourd'hui, ne connaît plus d'obstacles; elle pénètre dans ces paisibles retraites, pour joindre son incessante activité à celle de la nature. Voyons-là donc à l'œuvre.

Voici venir les bûcherons qui coupent au pied tous les arbres désignés pour *l'abattage:* Ils mettent d'abord à bas les arbustes, afin de déblayer la place autour des gros arbres qui, alors, peuvent être plus facilement couchés par terre.

Cette opération terminée, on sépare les branches qui, suivant leur grosseur, sont destinées à des emplois différents. Le tronc débarrassé des excroissances est *débité* pour la charpente, les petites tiges sont assemblées en *fagots*, les rameaux bien droits sont utilisés pour faire des *soutiens* de la vigne; enfin on réserve pour la fabrication du charbon, les branches dont l'épaisseur varie de deux à six centimètres, et qu'on découpe en morceaux de cinquante à soixante centimètres de longueur.

Lorsque le bois a été ainsi divisé, on le soumet à la carbonisation, pour laquelle on peut suivre deux procédés différents par la pratique, mais fondés tous deux sur le même principe. C'est ce principe que nous allons faire connaître en quelques mots.

Le bois, comme nous le savons déjà, n'est formé que de quatre substances simples, l'oxygène, l'hydrogène, le charbon et l'azote qui, diversement combinés entre eux, constituent les éléments de tous les végétaux. Lorsqu'on brûle le bois dans le foyer, toutes ces combinaisons se transforment en d'autres, gazeuzes et solides. Les gaz constituent la fumée; ce sont surtout l'acide carbonique, l'oxyde de carbone, la vapeur d'eau, etc.; quant aux substances solides, elles forment les cendres.

Tous les éléments du bois ne sont pas combustibles au même degré, ils ne réclament pas la même quantité d'oxygène pour brûler. Si donc, au lieu de soumettre ce bois à une combustion en plein air, on le fait brûler dans un espace où n'arrive qu'une très-petite quantité d'air, et par suite d'oxygène, les éléments les plus combustibles, et ceux qui réclament le moins d'oxygène brûleront tous à l'exception du charbon qui, étant en masse considérable, restera sensiblement intact.

Ainsi, pour carboniser le bois, pour en extraire le charbon, il suffit de le soumettre à une combustion incomplète, c'est-à-dire dans un espace où il n'y a qu'une quantité d'air limitée. Cette opération peut se faire à l'aide des *meules* ou en *vase clos*. Tels sont les deux procédés suivis.

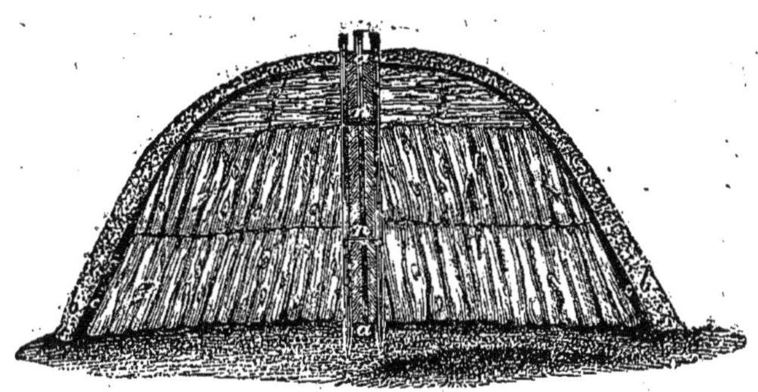

La meule de charbon (coupe théorique).

Dans le premier, dit procédé des forêts, on commence par établir une aire plane circulaire, au centre de laquelle on plante quelques longues bûches de bois formant une cheminée étroite. Autour de cette dernière on range les bois circulairement, et sur trois étages, en mettant les gros morceaux au centre et les petits à l'extérieur. On obtient ainsi ce qu'en terme technique on appelle une *meule*. On la couvre de petites branches, de feuilles, de menu charbon provenant des opérations précédentes, et enfin d'un lit de gazon. Pour allumer cette masse, il faut découvrir la cheminée, y introduire du charbon embrasé, en le surmontant de bois. Il est nécessaire de permettre l'accès de certaine quantité d'air; pour cela, on pratique à la base de la meule des ouvertures ou *évents*, qui restent ouverts pendant toute la durée de la carbonisation. Il n'en est pas de même pour la cheminée; au bout de quelques heures, alors que la combustion est assez avancée, on la referme avec des fragments de bois. Ceux-ci se consument graduellement et forment une masse de charbon au milieu de la meule.

La durée de la combustion est très-variable, elle dépend de la grosseur de la meule; quoiqu'il en soit, lorsqu'elle touche à sa fin, on ferme la cheminée, et pendant quelques heures on laisse la meule en repos.

La communication avec l'air étant à peine établie, le gaz et les vapeurs s'accumulent au sein de la meule, surtout lorsque la cheminée est fermée. Afin d'en faciliter le dégagement, des *évents* sont pratiqués à la partie supérieure, et l'on voit alors se dégager des fumées blanches. qui bientôt diminuent et deviennent bleuâtres; Ce changement indique que la carbonisation est terminée en cet endroit; on perce alors d'autres évents un peu plus bas, le même phénomène se reproduit, et l'on continue ainsi jusqu'à ce que l'on ait atteint la base de la meule.

7.

L'opération est alors entièrement terminée, il n'y a plus qu'à laisser refroidir la meule pendant quelques heures, et à enlever la terre. On trouve le charbon qui a conservé la forme des branches, et qui ne forme que les 17 ou 18 centièmes du bois employé. Le charbon de bois, ainsi obtenu, est de bonne qualité, lorsqu'il est léger, cassant et sonore.

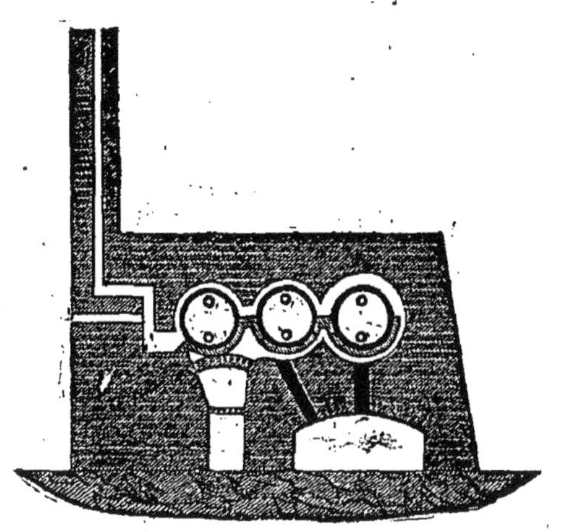

Four à carboniser le bois.

A la *carbonisation en meules* on a substitué dans quelques localités la *distillation en vase clos*. Elle se fait dans des cylindres en terre, dont le fond est formé par une plaque mobile, qu'on enlève pour introduire le bois. La partie en regard de l'ouvrier, est munie d'une plaque percée de quatre trous par où passent quatre baguettes du

même bois que celui soumis à la distillation. On
les retire de temps en temps pour juger du degré de carbonisation. Enfin, un tuyau recourbé
donne issue aux nombreuses matières gazeuses
ou volatiles qui se dégagent dans l'opération.

Lorsque la distillation est terminée, on éteint
le feu, et le charbon se refroidit dans les cylindres ; par l'exposition immédiate à l'air libre
il pourrait s'enflammer.

Ce procédé donne en charbon les 30 centièmes
du bois employé, il est donc plus avantageux
que le précédent, sous le rapport de la production ; mais les appareils qu'il exige sont trop
coûteux pour qu'il y ait réellement avantage à
l'employer.

Pour le rendre plus économique, on a cherché
à recueillir quelques-uns des produits volatils,
qu'on laissait perdre auparavant ; et maintenant
on produit de la sorte de l'esprit de bois, du vi-
naigre de bois et du goudron.

CHAPITRE X

DIAMANT ET CHARBON.

La plus précieuse de toutes les pierres précieuses est, sans contredit, le diamant. De tout temps il a été considéré comme tel, tant à cause de sa rareté, que des propriétés remarquables qu'il possède presque seul.

Comment, en effet, ne pas mettre au premier rang cette magnifique pierre où la lumière vient en se jouant produire les effets les plus harmonieux, les combinaisons de couleurs les plus variées ; cette pierre d'une limpidité si parfaite, que celle de l'eau de source la plus pure lui est seule comparable. Et si l'on ajoute à cela que le diamant est inaltérable, qu'il conserve constamment sa transparence, sa limpidité ; que toujours il produit ces jeux de lumière, on comprendra pourquoi il est tant recherché. Ajoutons que la vanité contribue bien un peu à en augmenter la valeur ; car le diamant, comme toutes les choses parfaites, est rare sur notre globe ; aussi tout le monde voudrait en posséder, par cela seul qu'il y en a peu.

Le diamant n'a pas seulement une grande valeur comme objet d'ornementation et de luxe ; il offre aussi beaucoup d'intérêt au point de vue de la science pure. En tant que minéral, les savants ont cherché à en connaître la nature et le mode de formation. Jusqu'à ce jour, ils n'ont satisfait leur curiosité que sur le premier point ; quant à l'autre, c'est encore un secret, mais qu'on ne doit pas désespérer de pénétrer.

Aujourd'hui, c'est un fait bien connu, accepté de tous, savants ou non, que le diamant et le charbon ne sont qu'une seule et même substance ; que les chimistes, écartant toute considération de valeur, de rareté, ne voient dans le diamant et le charbon que la même matière sous deux aspects différents.

Il y a à peine un siècle, qu'on a constaté cette identité. Quoique le diamant ait excité de tout temps la curiosité des savants, pendant longtemps il a déjoué les efforts qu'ils faisaient pour lui arracher le secret de sa nature.

Anselme Boêce, savant du XVIIe siècle, pensait que le diamant était combustible ; mais, soit défaut de moyens de combustion assez puissants, soit manque de désintéressement, on ne sacrifia aucun fragment de cette substance, pour contrôler cette assertion par l'expérience.

Newton avait remarqué que tous les corps qui, comme le diamant, décomposent bien la lumière, la réfractent, selon le langage des physi-

ciens ; Newton, dis-je, avait remarqué que tous
ces corps sont combustibles. Tout le monde sait,
en effet, que l'essence de thérébentine, pour ne
citer que la substance la mieux connue, réfracte
considérablement la lumière et, de plus, est
extrêmement combustible.

Cosme, grand-duc de Toscane, et les membres
de l'académie del Cimento sacrifièrent plusieurs
diamants et constatèrent qu'en concentrant sur
eux la lumière du soleil, à l'aide d'un miroir
très-puissant, ils se consumaient entièrement.
Cette recherche fut reprise par un empereur
d'Allemagne, François de Lorraine, qui reconnut que des diamants, placés dans un creuset et
soumis à un violent feu de forge, brûlaient sans
laisser aucun résidu.

Darcet, Macquer, chimistes français du dix-
huitième siècle, répétèrent ces expériences et
arrivèrent à la même conclusion, à savoir que le
diamant était un corps parfaitement combustible.
Mais, de là, à conclure que ce n'était que du
charbon, il y avait loin encore. D'ailleurs était-
on bien sûr qu'il y avait eu combustion ? n'était-
il pas raisonnable de penser que le diamant
était volatil, et qu'il s'était réduit en vapeur sous
l'influence de la chaleur.

Les choses en étaient à ce point, lorsque Lavoisier fut amené à s'en occuper. Apportant là,
comme dans tous ses travaux, sa sagacité, sa
rigueur d'observation et d'expérimentation, son
génie, pour tout dire, il soumit le diamant à
une série d'expériences et arriva aux résultats
suivants : le diamant brûle sous l'influence de

la chaleur, lorsqu'il est en contact avec l'air, sinon il reste intact ; le produit de la combustion est de l'acide carbonique, absolument comme pour le charbon.

La chimie, alors peu avancée, était loin du point où Lavoisier devait l'élever plus tard ; c'est pourquoi, il n'osa pas s'avancer et se contenta de dire que le charbon et le diamant étaient des substances analogues.

Ce fut encore un chimiste français, Guyton de Morveau, qui le premier affirma l'identité complète des deux substances. Depuis, des expériences exécutées dans de plus vastes proportions, variées de toutes les façons possibles, ont fourni la plus éclatante confirmation de ce fait.

Le diamant, soumis aux procédés d'analyse les plus délicats dont dispose le chimiste, s'est toujours conduit comme le charbon en pareilles circonstances. Pour n'en citer qu'un exemple, nous dirons que M. Jacquelain ayant interposé un diamant entre les deux fils d'une puissante pile électrique, le vit se transformer en coke et brûler ensuite, comme le fait cette substance.

N'y a-t-il pas là quelque chose d'étonnant, que le diamant opulent et l'humble charbon de terre ne soient qu'une seule et même substance. Certes, c'est là un contraste singulier ; mais lorsqu'on étudie la nature, il faut faire trêve d'étonnement, car à chaque pas on y rencontre des faits aussi bizarres, des phénomènes aussi étranges.

Quoique connu depuis longtemps, le diamant n'a pas toujours été apprécié autant qu'il l'est de nos jours ; c'est qu'on le trouve sous forme d'un caillou ordinaire, couvert d'une croûte terreuse, la gangue, qui en dissimule complétement la transparence. Il n'acquiert les propriétés qui en font tout le prix, que par la taille, opération très-délicate, qui exige une grande habileté et une longue expérience de la part du lapidaire.

La taille des diamants est une découverte du xvᵉ siècle qu'on attribue généralement à un habitant de Bruges, nommé Louis de Berquem.

On prétend que le fameux diamant de Charles-le-Téméraire avait été taillé par Berquem. Cette célèbre pierre précieuse fut prise par un soldat après la bataille de Granson et vendue 2 livres à un moine. Sous le règne d'Henri IV le baron de Sancy en devint le possesseur, et le nom de *Sancy* donné depuis lors à ce diamant lui est resté. Il appartint successivement à Jacques II d'Angleterre, puis à Louis XIV ; volé en 1792, il fut perdu jusqu'en 1835, époque à laquelle le grand veneur de l'empereur de Russie l'acheta pour une somme de deux millions environ.

Avant la découverte de la taille, les diamants bruts étaient employés à orner les couronnes des rois et les reliquaires. On rapporte qu'Agnès Sorel, célèbre par son luxe extraordinaire, les porta pour la première fois dans tout leur éclat.

Le diamant se trouve généralement dans les sables de certains ruisseaux de l'Inde, dans les royaumes de Visapour et de Golconde ; on en extrait aussi de l'Ile de Bornéo, des Monts-Ourals ; mais maintenant, c'est surtout du Brésil qu'on le tire.

Dans les provinces brésiliennes de Bahia et de

Minas-Geraez, la recherché des diamants bruts est faite par des nègres entièrement nus et surveillés avec le plus grand soin. Leur manière d'opérer est très simple : ils détournent le cours du ruisseau en exploitation, recueillent et lavent les sables qui en forment le lit. Ce lavage s'effectue sur des claies de bois où d'osier inclinées, dont les rainures transversales sont très-étroites. Les diamants arrêtés par ces intervalles sont recueillis et soumis à un lavage prolongé jusqu'à ce qu'ils soient entièrement dépouillés de leur gangue.

C'est dans cet état qu'ils sont livrés aux lapidaires chargés de les tailler ; ils présentent alors la forme d'une boule. Cette sphéricité provient de ce que le diamant, naturellement cristallisé, c'est-à-dire affectant une forme géométrique régulière, présente des saillies anguleuses que le frottement répété émousse entièrement.

La forme cristalline du diamant dérive par certaines modifications du cube ou dé à jouer, dont les arètes et les facès ont subi des troncatures régulières. Le diamant présente ainsi soit 24, soit 48 faces. On a remarqué que dans les cristaux naturels, on peut enlever sur certaines faces des portions régulières de matière, qui laissent à découvert des parties parfaitement planes et reproduisent de nouvelles faces du cristal. Cette opération s'appelle *clivage* ; elle ne peut pas s'effectuer dans tous les sens; mais dans presque tous les cristaux il existe une direction particulière, suivant laquelle on peut facilement les *cliver* à l'aide d'une lame mince. Le diamant est dans ce cas, et même il présente quatre sens, suivant lesquels on peut ainsi le cliver.

Cette propriété facilite singulièrement la tâche du lapidaire en lui permettant d'enlever les parties défectueuses, avant de commencer à tailler le diamant.

La taille du diamant est une opération très-simple en principe : elle consiste à user régulièrement les faces de la pierre par un frottement prolongé sur une matière résistante. Or le diamant est le corps le plus dur que l'on connaisse, il n'existe aucune matière susceptible de le rayer, si ce n'est le *bore adamantin* substance excessivement rare, découverte par M. H. Sainte-Claire Deville.

L'invention de Louis de Berquem consistait à

Opération de l'égrisage.

Taille du diamant. — Le polissage.

employer, comme matière propre à polir, la poudre même du diamant à laquelle il donna le nom *d'égrisée*. Cette poudre provient de diamants présentant des défauts, ou de débris de clivage.

La partie de la taille qui porte le nom d'*égrisage* a pour but de former les plus larges facettes; elle s'exécute en frottant l'un contre l'autre deux diamants, scellés par du mastic, à l'extrémité de tiges d'acier. Cette opération est la plus délicate de toutes, car l'ouvrier qui en est chargé doit perdre le moins de matière possible.

Après les grandes facettes on taille les petites; pour cela l'ouvrier appuie successivement les différentes parties de la pierre sur une plaque circulaire d'acier recouverte d'une pâte formée d'*égrisée* et d'huile d'olive. Cette plaque, est animée d'un rapide mouvement de rotation, soit par un tour que fait marcher l'ouvrier lui-même, soit à l'aide de courroies de transmission communiquant avec une machine à vapeur. On jugera de la vitesse de la rotation par ce fait, que la plaque fait environ 600 tours à la minute.

Après ces diverses opérations, le diamant est taillé ; les grandes et petites facettes sont non-seulement formées, mais encore entièrement polies.

Il existe deux sortes de taille pour les diamants : celle en *brillant*, et celle en *rose*. La première n'est appliquée qu'aux pierres suffisamment épaisses, l'autre à celles qui sont plates et petites.

Pour avoir une idée du diamant, imaginez deux pyramides à quatre faces, identiques et appuyées

Diamant taillé en brillant.

l'une sur l'autre par la base. Supprimez la pointe
de chacune d'elles, et vous formerez ainsi deux
larges faces dont la supérieure est la *couronne*,
et l'inférieure la *culasse*; la partie intermédiaire
porte 32 petites facettes qui constituent le *pavil-
lon*. Tous les diamants, quelle que soit leur
grosseur, ont une *couronne* et une *culasse* ; seulement les petits possèdent moins de 32 petites
facettes, à cause des difficultés de la taille.

Diamant taillé en rose.

La rose a la forme d'un bouton, dont la base
est plate, et dont le dôme porte 24 facettes
égales.

L'industrie de la taille des diamants est presque entièrement localisée à Amsterdam, où elle est établie depuis sa découverte par Berquem. Le nombre des usines consacrées à cette opération, est cependant très-restreint; la plus importante est celle de MM. Coster qui emploie quatre cents ouvriers et traite la moitié des diamants importés en Europe, c'est-à-dire environ 18 kilog.

Presque tous les diamants viennent aujourd'hui du Brésil, et forment chaque année un poids d'environ 36 kilogrammes, ou, suivant l'usage, de 180,000 carats. Le carat, qui est l'unité de poids pour les diamants, pèse *deux cent douze milligrammes*. Son nom lui vient d'une certaine fève d'Afrique, avec laquelle on pesait la poudre d'or.

Tous les diamants bruts ne sont pas propres à la taille ; les deux centièmes environ de la quantité importée, sont défectueux et consacrés à la fabrication de l'*égrisée;* on les vend 20 francs le carat.

Quant aux autres diamants à l'état brut, ils valent 100 francs le carat ; lorsqu'ils sont taillés, cette valeur augmente considérablement. Ainsi, un carat de petits diamants, pesant chacun moins d'un demi-carat, vaut 250 francs.

Le diamant de 1 carat vaut de 450 à 500 francs.
　　　"　　　　1 carat et demi de 800 à 900 francs.
　　　"　　　　2 carats　　　de 1500 à 1700　id.
　　　"　　　　2 carats et demi　1800 à 2000　id.
　　　"　　　　3　　　　　2500 à 3000　id.

Au delà de ce poids, la valeur du diamant est

à peu près arbitraire. Cependant, d'une manière générale, elle croît comme le carré du poids ; en d'autres termes, un diamant pesant *deux fois* plus qu'un autre, vaut *quatre fois* plus.

Malgré la masse considérable de diamants répandue dans le monde, il en est peu de très-gros. Quelques-uns seulement sont célèbres par leur poids relativement très-grand. Pour terminer ce chapitre, nous allons en faire l'énumération.

A tout seigneur tout honneur. Citons pour commencer *le Régent*, principal diamant de la couronne de France. Il est le premier de tous les diamants fameux, non par son poids, mais par son éclat, sa pureté et son extrême régularité. Il fut acheté à Golconde par sir Pitt qui le paya 312,500 francs. Brut, il pesait 410 carats, après la taille son poids fut réduit à 136 carats. Il n'en est pas de même pour tous les diamants, qui ne perdent, le plus souvent, que la moitié de leur poids. La taille du Régent, qui dura deux ans, coûta 125,000 francs. En 1717, il fut acheté 3,375,000 francs par le régent, dont il a pris le nom. Lors de l'inventaire des joyaux de la couronne en 1791, il fut estimé 12 millions.

Le plus gros de tous les diamants est celui du radjah de Bornéo, il pèse 300 carats, un peu plus de 65 grammes. Le *Grand Mogol* qui appartient au Shah de Perse, pèse 280 carats; avant d'être taillé, il en pesait 780.

Le *Kohinoor* ou montagne de lumière provient du trésor des anciens rois de l'Inde, et appartient à la reine Victoria, à qui il fut offert par la compagnie des Indes. Brut, il pesait 186 carats, et maintenant 103.

L'empereur de Russie possède l'*Orlow*, du poids de 194 carats, et le roi de Portugal l'*Étoile du sud* de 125 carats. Enfin le *Grand-Duc*, propriété de l'ancien duc dè *Toscane*, pèse 139 carats.

Le diamant n'est pas toujours blanc, on en connaît de bleus, de roses, de jaunes, de verts et de noirs. M. Hope en possède un bleu, d'une grande valeur, et le marquis de Drée, un rose. Les diamants noirs sont encore assez estimés, les jaunes sont ceux de plus faible valeur.

On a cherché bien souvent à imiter le diamant; mais les pierres fausses qu'on a fabriquées, ne peuvent tromper que par leur éclat; au poids on reconnaîtra toujours un diamant; car il en perd les deux septièmes dans l'eau. C'est même par ce moyen qu'on le distingue de la topaze blanche du Brésil, du saphir et du cristal de roche. Cependant la topaze du Brésil a un poids peu différent de celui du diamant; mais on la reconnaît facilement par la double réfraction, c'est-à-dire que sous certaines inclinaisons les objets vus à travers cette pierre paraissent doubles. Le diamant est la seule pierre précieuse qui ne jouisse pas de cette curieuse propriété.

CHAPITRE XI

UNE NOUVELLE PIERRE PHILOSOPHALE.

La fortune, comme la nature, n'a jamais distribué ses dons d'une main impartiale. Chacune a ses élus qu'elle comble, quelquefois sans mesures, de ses faveurs, de ses largesses ; chacune a ses délaissés, auxquels elle refuse quelquefois aussi jusqu'aux avantages les plus communs. De là l'inégalité dans les conditions et dans les esprits ; mais avec cette différence que l'homme, le plus souvent mettant les dons de la richesse au-dessus de ceux de l'esprit, a été plutôt choqué de la première de ces inégalités que de l'autre, quoique toutes deux soient inhérentes à la nature des choses, à notre organisation tant physique qu'intellectuelle.

L'homme constamment a cherché à réparer ce qu'il considérait comme des injustices. Et ceci explique ces innombrables utopies, écloses dans la cervelle de quelques imaginations déréglées, oublieuses des lois de la nature. Chaque siècle a eu sa pierre philosophale ; les uns ont cherché le moyen de faire de l'or à leur gré ; les autres le secret du mouvement perpétuel ; aujourd'hui, avec plus de raison il est vrai, on cherche à faire du diamant.

La science moderne justifie-t-elle ce désir ? Par quel moyen permet-elle de le satisfaire ? Telles sont les questions auxquelles je voudrais répondre dans ce chapitre.

Le diamant, avons-nous dit, est du carbone cristallisé. Or, nous savons faire prendre la forme cristalline à un grand nombre de substances. Il suffira donc d'appliquer au charbon les procédés dont nous disposons, pour le transformer en diamant. Hâtons-nous de dire que le charbon est rebelle à tous ces moyens d'action, et que, jusqu'à ce jour, on n'est pas parvenu à le faire cristalliser.

Voyons, en effet, quelles voies on peut suivre, pour atteindre ce résultat, dans l'état actuel de nos connaissances.

Si on dissout du sel dans l'eau, et qu'on laisse la dissolution s'évaporer à l'air libre, le sel cristallisera très-régulièrement. On arriverait au même but en dissolvant le sel dans de l'eau bouillante et en laissant refroidir le liquide.

Au lieu d'employer l'intervention d'un liquide, on peut recourir à l'action de la chaleur ; le soufre fondu cristallise en se refroidissant ; le camphre, réduit en vapeurs et reçu, sous cette forme, dans un espace froid, cristallise aussi.

Tels sont les seuls procédés que nous possédions, pour faire cristalliser les corps. Appliqués successivement au charbon, ils n'ont donné aucun résultat.

Le charbon est infusible, ou du moins il exige, pour se liquéfier, une température encore plus élevée que les plus hautes que nous sachions produire. A plus forte raison n'est-il pas volatil. Reste le procédé par dissolution; malheureusement il n'existe aucun corps liquide, ou liquéfié par la chaleur, qui puisse dissoudre le carbone. On comprend donc pourquoi, jusqu'à présent, on n'a pas pu fabriquer artificiellement du diamant et pourquoi aussi il ne faut pas désespérer d'arriver à ce résultat.

J'insiste sur ce dernier point, car il est plus sérieux qu'on ne le croit, sérieux au point de vue de la science pure, s'entend.

Longtemps le platine fut regardé comme infusible, et cependant il y a quelques années déjà que MM. Deville et Debray ont trouvé le moyen de le fondre en masses considérables; le platine, sous leurs mains, se montre docile aux moindres volontés. C'est même aujourd'hui un fait qui semble très-naturel, qui a pris son rang dans la science, et auquel on ne prête plus qu'une attention ordinaire. Les préventions qui règnent contre la production artificielle du diamant, ont aussi prévalu contre la fusion du platine.

Espérons donc qu'on arrivera à les détruire dans le premier cas, comme on l'a déjà fait pour le second.

Certes, ces espérances sont très-légitimes.

Tous les jours la science du feu, sous la direction de M. Deville, fait de grands progrès; nous arriverons sûrement à créer des températures suffisantes pour fondre et volatiliser le carbone. Si même par ces deux procédés il ne cristallise pas, nous pourrons encore pousser nos recherches dans une autre voie. Les corps de la nature sont loin d'être tous bien connus ; il en est même qui ne le sont pas du tout, puisque chaque année en voit découvrir de nouveaux. Peut-être en trouvera-t-on un capable de dissoudre le carbone. Il ne faut pas se décourager, loin de là. Il faut, au contraire, user de persévérance ; dans les sciences physiques, comme partout d'ailleurs, « le génie est une longue patience. »

Un grand nombre de savants se sont occupés de cette question. Dans le chapitre précédent, je citais M. Jaquelain qui avait interposé un diamant entre les fils d'une pile électrique. Il voulait essayer de le fondre ; mais, on se le rappelle, le diamant se transforma en coke et brûla.

M. Despretz fit agir sur le charbon, le plus puissant courant électrique qui ait jamais été employé ; il était produit par *six cents* piles très-énergiques.

Pour éviter la combustion du charbon par la présence de l'air, on fit l'expérience dans l'œuf électrique, c'est-à-dire dans un œuf en verre dans lequel on avait fait le vide. Une lumière intense se produisit, et l'appareil se remplit d'une fumée noire qui peu à peu se déposa sur les parois. Despretz recueillit ce dépôt et reconnut que c'était une poudre cristalline, mêlée de noir de fumée. Les petits cristaux furent examinés au microscope, ils étaient entièrement noirs et ne possédaient ni la dureté, ni l'éclat du diamant.

Encore une fois les espérances des savants étaient trompées. Malgré cet échec, Despretz continua ses recherches, mais dans aucune il ne fut plus heureux qu'auparavant.

Tout le monde sait qu'entre autres propriétés, le courant électrique de la pile possède celle de décomposer les corps ; la galvanoplastie est précisément fondée sur ce principe. Despretz essaya de faire agir l'électricité d'une pile, peu énergique, sur un composé formé de carbone et de ce gaz connu sous le nom de chlore. Sur l'un des fils de la pile, il recueillit une poussière noire, formée de cristaux microscopiques, capables de rayer le rubis. On peut donc considérer ce résultat comme un pas dans la question ; il est vrai qu'il est bien petit, mais enfin c'est un progrès.

Depuis quelques années on avait remarqué que les essieux de wagons, en fer fibreux, soumis à des tiraillements prolongés, deviennent cristallins. Le spirituel chroniqueur scientifique du *Constitutionnel*, M. Henry de Parville, auquel nous empruntons ce détail, raconte qu'un chauffeur de l'Est, ayant eu connaissance de ce fait, remplit, il y a cinq ans, une boîte de baguettes de charbon, et jusqu'à ce jour les traîna de Paris à Strasbourg, sans qu'elles aient jamais cristallisé.

Les choses restèrent à ce point jusqu'à l'année dernière, époque à laquelle un savant ingénieur

des mines, M. de Chancourtois, vint présenter la
question sous un nouveau jour.

Il rappela ce fait qu'il existe en Sicile, dans
les voisinages des volcans, d'immenses plaines,
nommées *solfatares*, dans lesquelles le soufre
se trouve abondamment répandu. Or, le sol,
dans ces localités, est formé de matières friables, présentant de nombreuses fissures par
lesquelles se dégagent des jets de gaz hydrogène
sulfuré. Ce corps, comme son nom l'indique,
est formé d'hydrogène et de soufre. Au contact
de l'oxygène de l'air, il se décompose ; les deux
éléments dont il est formé, se séparent, pour
se combiner avec d'autres substances. L'hydrogène, en effet, s'unit avec l'oxygène de l'air
et donne de l'eau ; quant au soufre, une partie
seulement s'unit à ce même oxygène, et produit
le gaz acide sulfureux, l'autre partie reste libre
et cristallise.

Voici en quoi consiste la théorie de M. de Chancourtois ; il assimile les immenses nappes de
pétrole de l'Amérique du Nord, à ces solfatares.
On se rappelle que l'huile de pétrole n'est pas
autre chose qu'une combinaison d'hydrogène et
de carbone. M. de Chancourtois prétend donc qu'il
doit se passer, pour le carbone, un phénomène
analogue à celui qui s'est manifesté pour le soufre.

En d'autres termes, l'huile de pétrole doit
se décomposer au contact de l'air ; l'hydrogène
qu'elle renferme, forme de l'eau avec l'oxygène ;
quant au carbone, il forme soit de l'acide
carbonique, en se combinant avec cet oxygène,
soit du diamant, en cristallisant.

Il y a plus, **M.** de Chancourtois suppose que ce fait peut se passer au milieu de nos grandes villes, dans l'intérieur du sol, où passent ces innombrables tuyaux destinés à transmettre le gaz. S'il se produit, sur un point, une fuite de gaz d'éclairage, qui est justement un hydrogène carboné, il se peut que les conditions en favorisent la décomposition, et qu'à la longue il se fasse du diamant. C'est alors qu'on bouleverserait le sol, déjà si remué, de notre bonne ville de Paris !

Il ne faudrait pas voir, dans ce que nous venons de rapporter, plus qu'il n'y a réellement. Ce qu'il faut dire, c'est que ce ne sont que des hypothèses, ingénieuses si vous voulez, mais nullement vérifiées par l'expérience. Elles méritent qu'on les étudie, d'autant plus qu'elles offrent un nouvel aliment aux recherches des savants ; elles font entrevoir un champ immense à explorer, avec quelque profit, non-seulement pour la science, mais surtout pour l'industrie.

Le diamant, en effet, n'est plus aujourd'hui, dans l'industrie, l'humble serviteur du vitrier; il fait mieux que couper du verre, il taille la pierre, et perce des montagnes.

Il y a quelques années à peine, un simple lapidaire, M. Bigot Dumance, eut l'idée d'employer le diamant à polir et à tailler le porphyre et les pierres dures. M. Hermann, habile mécanicien, chercha à réaliser ce projet, et il l'a fait d'une façon à la fois simple et heureuse. La pierre à tailler est placée sur un plateau animé d'un mouvement de rotation, et l'ouvrier appuie contre elle le diamant fixé à l'extrémité d'une tige d'acier.

Par ce procédé, le granite, le porphyre surtout qui est si dur, prennent un poli parfait. Comme exemple de ce travail, nous citerons l'urne funéraire du tombeau de Napoléon Ier aux Invalides.

Bague Pilhet pour la perforation des roches.

M. Leschot, ingénieur civil, et M. Pilhet, mécanicien, ont appliqué le diamant à la perforation des roches dures, d'une très-ingénieuse façon. Ils ont construit des cylindres d'acier, très-épais, à l'extrémité desquels ils ont scellé plusieurs diamants noirs. Ces tubes, animés d'un mouvement de rotation, pressent sur la pierre qu'ils creusent rapidement, les débris tombent à l'intérieur du cylindre, d'où ils sont retirés par un courant d'eau continu.

Il ne faut pas croire que ce procédé soit très-dispendieux, car le diamant noir n'a qu'une valeur peu élevée ; et d'ailleurs, lorsque les arêtes vives des diamants sont usées, on les revend aux lapidaires qui en font de l'*égrisée* pour le polissage du diamant blanc.

Ce système de forage a été employé pour percer le tunnel de Tarare, de Port-Vendres, et aujourd'hui il fonctionne pour celui du Mont-Cenis.

CHAPITRE XII

LE GAZ D'ÉCLAIRAGE.

Le soir, Paris offre un curieux et étrange spectacle qu'il est impossible de se figurer à qui n'a vu la grande ville éclairée par ses milliers de réverbères, par ses magasins tout resplendissants de lumières ; à qui n'a contemplé ce va et vient continuel, cette foule qui, comme de longs serpents, sillonne les trottoirs de la capitale, cette agitation perpétuelle ; en un mot, à celui qui n'a pas goûté de cette vie dévorante et fiévreuse qui consume tous les Parisiens.

Un pareil spectacle est bien propre à exciter la réflexion, à fournir plus d'un enseignement utile. Avez-vous jamais songé, ami lecteur, à cet état de choses, à son origine, à cette civilisation incessante, à cette merveilleuse industrie, qui nous ont amené à ce degré de prospérité ; et surtout avez-vous réfléchi à la puissance incommensurable de l'esprit humain qui a enfanté tant de prodiges.

Il est impossible de ne pas se poser ces questions, lorsqu'on voit l'humble charbon de terre produire de pareilles merveilles ; car c'est le charbon qui nous fournit le gaz, et c'est le gaz qui, avec sa lumière, répand la vie partout où on l'emploie.

Quel contraste avec le Paris d'autrefois ; combien on se sent plus heureux de vivre à notre époque, où grâce à cette profusion de lumière, on peut sortir sans redouter ces nombreuses attaques que favorisait l'obscurité et qui le plus souvent restaient impunies.

Avez-vous jamais fait la comparaison entre nos villes modernes éclairées au gaz et les villes d'il y a un siècle où quelques rares lanternes jetaient dans les rues leur clarté douteuse ? Si vous ne l'avez point encore faite, nous allons la faire ensemble.

Il y a encore dans Paris, malgré les démolitions sans nombre dont vous êtes témoin depuis quelques années, il y a encore, dis-je, certaines rues appartenant aux vieux quartiers, sous les pavés desquelles ne passe aucun tuyau de plomb.

De distance en distance une potence se dresse haute et droite, servant à suspendre une lanterne qui projette à peine à quelques pas sa lueur fauve et vacillante.

Ces rues là ont un aspect triste et misérable, cher aux amateurs du pittoresque, aux peintres qui recherchent des effets heurtés d'ombre et de lumière, à ceux qui regrettent le vieux temps où la civilisation n'avait pas encore égalisé devant la lumière les places des palais et les carrefours populaciers.

Au siècle dernier encore, tout Paris était éclairé
de la sorte ; aussi y avait-il peu de monde le
soir à travers la ville. Après le couvre-feu des
chaînes barraient les rues et l'on ne voyait
point, comme aujourd'hui, des boulevards où la
circulation la plus active se prolonge jusqu'aux
heures les plus avancées de la nuit.

Remontons encore plus haut, si vous le voulez,
reportez-vous par la pensée au moyen-âge et
entrons dans une de ces rues étroites et solitaires.
Les guivres et les gargouilles des gouttières, les
frêles et gracieuses sculptures des maisons, les
arceaux des vieilles cathédrales, tout cela, éclairé
par les rayons blanchâtres et argentés de la
la lune produisait un effet autrement pittoresque
que nos modernes maisons, d'une régularité et
d'une monotonie fatigantes, toutes éclairées par
la lumière jaune du gaz.

Regardez un effet de lune dans une ville du
XVᵉ siècle, parmi les magnifiques dessins de
Gustave Doré, et le même effet dans une
de nos rues d'aujourd'hui ; comparez et dites
si le premier ne séduit pas les contours bizarres,
fantastiquement illuminés par les capricieux
jeux de lumière, tandis que le second n'offre aux
regards que d'inflexibles lignes cernées de blanc,
sans sculpture où les rayons puissent s'accrocher.

Mais je m'éloigne de mon sujet, et peut-être
allez-vous m'y ramener vous-même, lecteur, en
me faisant remarquer que le pittoresque est une

belle chose, mais que le bien-être lui est bien préférable ; que si les peintres eussent préféré voir le Paris actuel se transformer en Paris gothique, le peuple qui n'est pas artiste à ce degré, aime mieux avoir des rues assez larges pour y pouvoir circuler librement, de nombreux réverbères pour les éclairer et enfin tout ce que la civilisation apporte de bien-être aux classes de toutes sortes.

Je vous l'accorde, vous avez impitoyablement raison ; mais ne pourrait-on pas concilier les amateurs du pittoresque et ceux qui veulent le bien-être, l'utilité et le plaisir, la salubrité et l'originalité, que sais-je, moi ! pour satisfaire les uns et les autres. Il est une chose certaine, c'est que Paris, en se civilisant de plus en plus, perd aussi de plus en plus sa vieille physionomie gothique qu'on retrouve si fidèlement dans la vieille basilique de Notre-Dame.

Faut-il s'en-plaindre ? Faut-il s'en réjouir ? Lecteur vous vous en plaindrez ou vous vous en réjouirez, selon que vous serez artiste ou non ; on ne peut imposer ses opinions. C'est affaire de goût, de sentiment et cela ne se discute pas.

Je reviens pour la deuxième fois à mon sujet, mais cette fois bien réellement.

Jusqu'en 1500 l'éclairage public était chose inconnue à Paris ainsi que dans toute la France. Aussi l'obscurité favorisait-elle les crimes si fréquents à cette époque. Afin de rétablir la sécurité, une ordonnance royale enjoignit à tous les habitants de mettre des chandelles à leurs fenêtres. En 1662, on remplaça les chandelles par des lanternes ; et enfin, en 1759, on mit au concours l'éclairage à l'huile de toute la ville de Paris. On comprend aisément toutes les imperfections d'un pareil système, et surtout les nombreux inconvénients qu'il pouvait avoir dans une ville de l'étendue de Paris. Cet état de choses frappa un Français, Philippe Lebon qui, en 1798, après de longues et patientes recherches, prit un brevet pour l'éclairage au gaz.

Comme tous les inventeurs, il eut sa longue et malheureuse odyssée. C'est un nom de plus à inscrire au martyrologe de ces hommes de génie qui, devançant leur époque, ne peuvent faire accepter de leurs contemporains les vérités qu'ils ont recueillies dans leurs méditations ou leurs études.

Philippe Lebon présenta, en 1799, à l'Académie des sciences, un rapport dans lequel il indiquait toute la méthode de distillation du charbon, pour la fabrication du gaz d'éclairage, telle qu'elle est encore pratiquée aujourd'hui.

Animé d'une ardente conviction, sûr de la réussite de son entreprise, il ne se proposait rien moins que d'éclairer comme en plein jour, selon son expression, la route de Paris à Brachay, petit village de la Haute-Marne, son pays natal.

Alors qu'il cherchait encore à convaincre ses compatriotes, un anglais, Windsor, comprenant la portée d'une pareille découverte, s'empressa de réaliser le projet de Lebon et chercha à s'en attribuer la gloire.

Toujours est-il que l'honneur en revient à la France, à un de ses enfants; et s'il faut savoir gré aux Anglais d'en avoir prouvé l'importance en mettant à exécution les plans de Lebon, nous devons à ce dernier toute notre reconnaissance pour l'admirable découverte dont il a doté notre pays.

Lebon ayant voulu joindre à la fabrication du gaz, celle du goudron et de l'acide pyroligneux, excita la jalousie de ses concurrents dans cette branche de l'industrie ; ceux-ci n'eurent pas de peine à faire échouer cette entreprise, et quelque temps après, Lebon mourut assassiné aux Champs-Élysées pendant les fêtes du sacre de Napoléon Ier, en 1804.

Vers 1812, le préfet de Paris, M. de Chabrol, homme plein d'initiative et de plus très-versé dans les sciences, fit construire une usine modèle à l'hôpital Saint-Louis; des essais eurent lieu en présence d'une commission de savants.

Cependant ce ne fut qu'en 1820 qu'on vit certains quartiers de Paris éclairés pour la première fois au gaz. Un habile industriel, Pauwels, ancien fabricant de produits chimiques, s'étant occupé de la fabrication du gaz, y apporta d'ingénieux perfectionnements qui hatèrent l'emploi de ce mode d'éclairage.

Enfin, en 1824, s'établit la compagnie royale, puis la société Manby et Wilson ; et bientôt six compagnies se chargèrent d'éclairer tout Paris.

Si le monopole est souvent nuisible à l'industrie et au commerce, il a rendu quelquefois des services importants. On en a une preuve dans la fusion de ces diverses compagnies en une seule. On avait reconnu qu'il résultait de nombreux inconvénients de la concurrence de tant de sociétés rivales. Aussi, en 1855, elles se réunirent toutes en une seule sous le nom de Compagnie parisienne d'éclairage par le gaz.

Cette société possède aujourd'hui sept usines à Paris fournissant 116 millions de mètres cubes de gaz par an, ce qui, d'après M. Payen, correspond à environ 535,000 becs ; chaque bec produisant une lumière égale à celle d'une lampe brûlant 42 grammes d'huile par heure.

Qu'on juge par là de l'importance de cette industrie, et des nombreux progrès qu'elle a provoqués en prodiguant la lumière et en la faisant payer quatre fois moins cher que celle des lampes à la ville, et la moitié moins aux particuliers [1].

Il nous reste maintenant à décrire sommairement la fabrication du gaz, le principe sur lequel elle repose. Nous n'avons nullement l'intention de donner les détails techniques ; outre qu'ils ne seraient pas à leur place ici, les dimensions de ce volume ne le permettent pas.

Comme nous le disons plus haut, la fabrication du gaz se fait à l'aide de la houille qu'on distille dans des vases hermétiquement fermés. La houille qui n'est pas du charbon pur, contient des matières organiques provenant ainsi que le charbon lui-même, comme on le sait déjà, de la décomposition des végétaux.

Lorsqu'on soumet cette substance à l'action d'une chaleur très intense dans des cornues, elle donne naissance à des produits volatils d'une

---

[1] Le mètre cube de gaz coûte 30 centimes aux particuliers et 15 centimes à la ville.

part et de l'autre à un résidu qui n'est autre chose que le coke.

Les produits volatils sont formés de gaz éclairants, de goudrons, d'huiles grasses, de sels ammoniacaux. Mais les gaz éclairants conservent seuls l'état gazeux à la température ordinaire ; les autres substances, se condensent à l'état solide ou liquide.

On voit déjà que, dans cette fabrication, il y a lieu de purifier les gaz combustibles en les séparant des autres substances volatiles.

Cornues accouplées pour la distillation de la houille.

La calcination de la houille s'effectue dans des cornues ayant la forme de demi-cylindres et construites en terre ; autrefois elles étaient en fonte. Elles ont environ deux mètres de long et peuvent contenir chacune 100 kilog. de houille

La fabrication dure environ trois ou quatre jours, et dans cet intervalle, chaque cornue fournit par heure 24 mètres cubes de gaz.

Ces cornues sont placées par groupe de sept dans des fourneaux cubiques en briques ; et leur ouverture vient affleurer à la surface du fourneau.

Les orifices des cornues sont fermées hermétiquement par des plaques vissées auxquelles viennent s'adapter des tuyaux. Ces derniers communiquent tous avec un large conduit horizontal, nommé *barillet*, dans lequel ils amènent le gaz et les produits étrangers. Ce barillet est plein d'eau dans laquelle le gaz se purifie partiellement ; les sels ammoniacaux, en effet, s'y dissolvent en même temps qu'une partie du goudron s'y condense ; les dernières traces de cette substance se déposent sur du coke qu'on a disposé en longues colonnes et qu'on fait traverser par le gaz de bas en haut.

Arrivé à ce point, le gaz d'éclairage n'est plus mélangé que d'autres matières gazeuses comme lui, à la température ordinaire.

On emprunte à la chimie quelques-uns de ses procédés pour arrêter au passage ces gaz étrangers. Parmi eux se trouve *l'acide sulfhydrique;* c'est ce gaz qui se dégage des eaux de Barèges et des œufs pourris. La chimie enseigne qu'au contact du peroxyde de fer, c'est-à-dire d'une espèce de rouille de fer, cet acide se décompose en des éléments qui se combinent avec ceux de la rouille pour former des corps solides, incapables d'être entraînés par le gaz d'éclairage.

Cette opération se fait dans de vastes cuves en

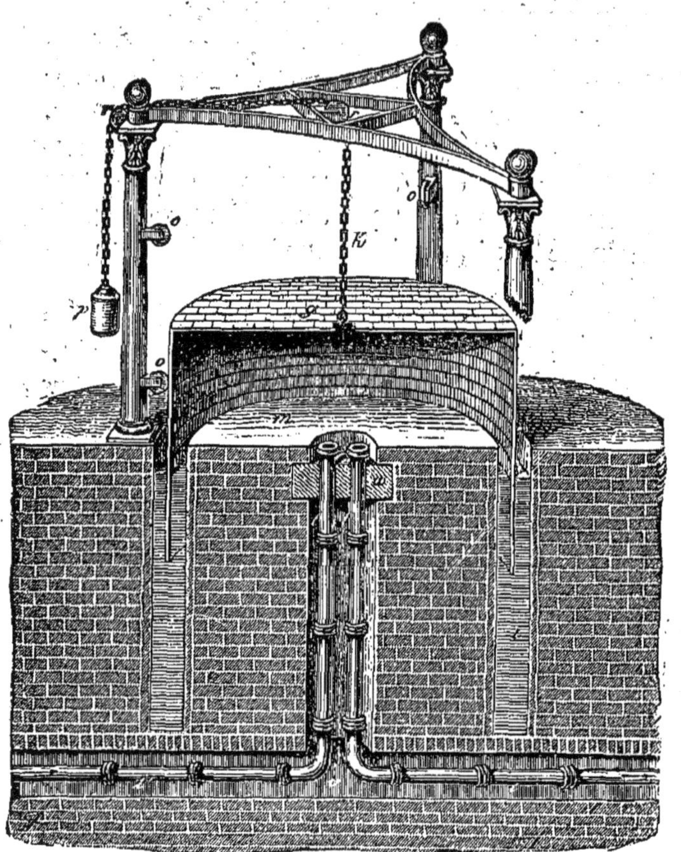

Coupe d'un gazomètre.

tôle dans lesquelles on met une poudre de couleur brune formée d'un mélange de couperose verte, de chaux et de sciure de bois.

Lorsque le gaz sort des cuves, il se rend dans des réservoirs d'où il est aspiré par des pompes que leurs fonctions ont fait nommer aspirateurs.

L'usine à gaz de la Villette en possède de magnifiques; il est étonnant de voir ces masses immenses en acier poli, fonctionner sans le moindre bruit, dociles sous la main du mécanicien.

C'est ce gaz qui, après avoir subi ces différentes opérations, est propre à l'éclairage. Les aspirateurs le refoulent dans d'immenses gazomètres d'où partent d'innombrables tuyaux souterrains qui doivent le distribuer dans la ville.

Il ne sera pas sans intérêt de connaître la quantité de gaz que nécessite l'éclairage de la ville de Paris. Depuis l'année 1855 jusqu'en 1865 la quantité consommée annuellement a été en croissant graduellement. Chaque année elle s'est accrue à peu près du cinquième de la quantité de l'année précédente. On en peut juger par le tableau suivant.

1855.	40,774,400 mètres cubes.
1856.	47,335,475 id.
1857.	56,042,640 id.
1858.	62,159,300 id.
1859.	67,628,116 id.
1860.	75,518,922 id.
1861.	84,230,676 id.
1862.	93,076,220 id.

1863. . . . . 100,833,258 mètres cubes.
1864. . . . . 109,610,003 . id.
1865. . . . . 116,171,727 id.

Ces énormes quantités de gaz sont fournies par sept usines donc la plus importante est celle de la Villette. Elle livre en moyenne, *deux cent mille mètres cubes* de gaz par jour en hiver, et la moitié en été. Pour cette préparation, elle emploie, chaque jour, en hiver, *sept cent mille kilos* de houille.

Plusieurs causes ont contribué à l'immense développement de cette industrie. Les plus importantes sont : l'emploi des *moteurs Lenoir*, dans lesquels le mouvement est produit par la combustion instantanée d'une certaine quantité de gaz qu'on introduit simultanément en avant et en arrière du piston — le chauffage des fourneaux et des cheminées — et surtout enfin l'éclairage des nouvelles voies ouvertes depuis quelques année.

En parcourant l'histoire de l'industrie on trouve difficilement une matière aussi riche en applications que la houille. A l'industrie du gaz, il y a quelques années, est venue s'en adjoindre une nouvelle fondée sur l'utilisation des résidus de la fabrication du gaz d'éclairage. Le seul produit autre que le gaz, qui avait été employé jusque là, était le coke; aujourd'hui on fabrique, avec ces résidus, ces couleurs dites *d'aniline*, qui fournissent à la teinture les nuances les plus riches et les plus variées. On en retire encore la *paraffine*, la *benzine* et l'*acide phénique*.

9.

Nous venons de voir que le gaz, au sortir des cornues, était chargé de goudron, dont il se débarrassait dans différents appareils. Ce goudron qu'on négligeait autrefois, est précieusement recueilli maintenant. Soumis à deux distillations successives il fournit la *benzine* pure. Une seule purification donnerait une benzine melangée de liquides étrangers qui en neutraliseraient les propriétés utiles.

C'est avec la benzine qu'on fabrique les couleurs d'aniline, qui sont violettes, rouges ou bleues. Ces couleurs fournissent les nuances les plus variées, connues sous le nom de *Fuchsine, Magenta, Solférino, Bleu de Paris.* etc. L'opération est très-simple ; il suffit de mettre la benzine en contact avec de l'eau forte, ou de l'acide azotique, chimiquement parlant. On obtient ainsi une substance appelée *nitrobenzine*, laquelle, soumise à l'action de *l'hydrogène* se transforme en *aniline.*

L'aniline est un liquide incolore, d'une odeur aromatique, d'une saveur acre et brûlante. Par elle-même elle ne peut pas être employée comme matière colorante, elle doit préalablement avoir subi l'influence de certains réactifs.

Ainsi, le *chlorure de chaux*, si connu, la transforme en matière colorante violette; la nuance varie, d'ailleurs, suivant le réactif employé.

Le sel appelé chlorure d'étain, la change en couleur rouge fuchsia ; si l'on fait agir cette substance à la température de 180 degrés on obtient une magnifique couleur bleue très-fixe.

Dans les cuves d'épuration du gaz d'éclairage,

se dépose généralement une substance, nommée paraffine, qui tire son nom de la résistance qu'elle offre à tous les agents chimiques. Elle se présente sous forme d'une belle matière blanche, incristallisable, qui brûle avec une flamme très-éclairante. On a pu en faire d'excellentes bougies de salon ; malheureusement elle se ramollit trop facilement à la chaleur. Pour parer à cet inconvénient, on la mélange avec l'acide stearique des bougies ordinaires, auxquelles elle communique une grande translucidité.

CHAPITRE XIII

Nous sommes loin du temps où les hommes ne pouvaient demander la chaleur et la lumière qu'au feu du soleil. Humbles tributaires de l'astre radieux, ils se voyaient alternativement gratifiés et privés de ses bienfaits. Plus heureux qu'eux, aujourd'hui, nous savons, à volonté, produire le feu et la flamme, en d'autres termes, la chaleur et la lumière, ces deux agents indispensables à la vie.

Qu'est-ce donc que le feu ? Qu'est-ce donc que la flamme ?

Il vous souvient d'avoir vu se dégager du sein de la houille en combustion, de petits jets enflammés qui éclairaient le foyer de leur vive lumière. Le charbon, en effet, nous fournit à la fois et la chaleur et la lumière. Il vous souvient encore que le coke, tout en produisant une vive chaleur, ne répand qu'une faible lumière. A quoi tient cette différence essentielle? Interrogeons la science à cet égard.

Elle nous apprend que le feu n'est que la réunion de la chaleur et de la lumière. La flamme peut accompagner le feu, mais le feu peut se produire sans flamme. Cependant, le plus souvent, ou en observe la réunion. C'est pourquoi nous faisons leur étude en commun.

Les flammes sont loin d'avoir toutes le même éclat, ou de dégager la même quantité de chaleur. Comparez, par exemple, la flamme de l'hydrogène pur et celle du gaz d'éclairage, et vous serez certainement frappé de la différence qu'elles présentent dans leur éclat. Celle de l'hydrogène est tellement pâle que, même dans l'obscurité, elle est à peine visible ; tandis que celle du gaz d'éclairage se distingue très-nettement, même en plein jour.

Introduisons dans la flamme de l'hydrogène une substance solide, un fil de platine, par exemple, et immédiatement nous allons voir ce métal devenir incandescent et communiquer son éclat à la flamme. Voulez-vous d'une autre façon en augmenter l'intensité lumineuse? Avant d'enflammer l'hydrogène, faites-lui traverser une couche d'huile de pétrole qui, comme vous le savez, est formée d'hydrogène et de carbone, et à l'instant, cette flamme ainsi modifiée et tout à l'heure si pâle, va rivaliser d'éclat avec celle du gaz d'éclairage.

Quel fait s'est donc passé ?

Sous l'influence de la chaleur, les deux éléments de l'huile de pétrole se séparent ; l'hydrogène, brûle sans éclat, comme nous le savons déjà ; il ne peut donc pas augmenter celui de la première flamme. Quant au charbon, en est-il de même ? Non.

Pour brûler, il exige de l'oxygène ; or, perdu au sein de la masse d'hydrogène qui se dégage, il est isolé de l'air extérieur. Ne pouvant pas entrer en combinaison, il s'échauffe simplement tout en restant à l'état solide, et il arrive un moment où la chaleur dégagée est assez intense pour le rendre incandescent sans le fondre. Il brille alors d'un vif éclat auquel participe la flamme.

Mais ce n'est pas tout. Le coke, dont nous parlions tout à l'heure, se consume sans produire de flamme. La houille en produit parce qu'elle dégage des gaz combustibles, et, de plus, si la flamme qu'elle donne est lumineuse, c'est qu'avec ces gaz combustibles se produit le phénomène que nous venons de décrire pour l'huile de pétrole.

Nous arrivons donc à ces résultats : une flamme provient de la combustion d'un gaz ou d'une vapeur. Si, au sein de ce gaz ou de cette vapeur, se trouvent des particules solides, la flamme devient lumineuse ; sinon, elle reste obscure.

Ce que nous venons de dire de l'huile de pétrole, s'applique tout naturellement au gaz d'éclairage qui est un corps analogue, et à tous les corps combustibles.

En voulez-vous un exemple, pris hors des unions du charbon ? Faites brûler un morceau de ce métal si curieux qu'on nomme magnésium. Vous allez le voir s'enflammer comme une simple allumette, et vous éblouir de sa lumière resplendissante. Examinons de près ce phénomène, et voici ce que nous apprendons : Le magnésium, échauffé dans l'air, brûle, c'est-à-dire se combine avec l'oxygène ; il forme ainsi un corps blanc, solide, qui n'est autre que la *magnésie*. Or cette substance se produisant au sein de la flamme et y restant à l'état solide, joue le même rôle que le charbon dans la combustion du gaz d'éclairage ou du fil de platine dans celle de l'hydrogène.

Maintenant que nous connaissons la nature de la flamme, voyons-en la constitution, et pour cela, prenons celle du gaz d'éclairage.

Elle se compose de quatre régions, qu'on peut distinguer en l'examinant attentivement.

On remarque d'abord une partie très-mince et à peine lumineuse, qui entoure la flamme de tous côtés. A l'intérieur, une partie très-large et très-brillante ; au centre, un noyau, large, mais d'une faible hauteur, entièrement obscur. Enfin, à la base de la flamme une quatrième partie, nettement caractérisée par une coloration bleuâtre. Pour étudier ces quatre régions, plongeons-y successivement un fil de fer, et nous allons le voir, dans chacune d'elles, se conduire d'une façon différente. Ainsi, dans l'enveloppe extérieure et obscure, il va s'échauffer au point de devenir d'un blanc éblouissant ; dans la partie lumineuse, au contraire, il ne fait que rougir ; dans le noyau sombre il ne change pas d'aspect,

[Composition de la flamme.

Il faut donc conclure de ces différents états que la température va en s'élevant depuis le noyau central jusqu'à la couche extérieure ; et cette inégalité provient de l'inégale distribution de l'air sur les différents points de la flamme. Voici cé qui se passe :

L'air produit la combustion complète des parties extérieures avec lesquelles il est en contact : ce qui rend compte de la grande chaleur qui y est développée. L'hydrogène et le charbon du gaz y sont respectivement transformés en eau et en acide carbonique, et comme il ne reste point de charbon solide en suspension, cette partie de la flamme est très-peu éc airante. Le contraire a lieu pour la couche brillante entourée par celle-là. L'oxygène de l'air y pénètre difficilement ; l'hydrogène seul y brûle en dégageant beaucoup de chaleur, en moins grande quantité cependant que dans le cas précédent. Quant au charbon, qui est moins combustible, et qui, pour cette raison, a abandonné l'oxygène à l'hydrogène, il reste en suspension, et communique à cette partie de la flamme un très-vif éclat.

Quant au noyau central, il est entièrement privé d'oxygène ; les gaz dont il est formé ne participent qu'à la chaleur dégagée par les couches environnantes, mais il reste complétement obscur, puisqu'aucune combustion ne s'y produit.

Enfin, la partie bleue de la base, résulte de la combustion incomplète du charbon, qui a simplement été transformé en oxyde de carbone.

Toutes les flammes produites par la combustion d'un corps renfermant de l'hydrogène et du carbone, présentent les mêmes caractères ; aussi pourra-t-on faire les mêmes observations que celles qui précèdent, sur la flamme d'une bougie ou d'une lampe.

CHAPITRE XIV·

LE CHARBON FIXATEUR DE LA PENSÉE.

« Verba volant, scripta manent » dit un proberbe latin
« Les paroles s'envolent, les écrits restent. »

Qu'est-ce, en effet, que la tradition, si ce n'est
la parole parlée, qui a passé de bouche en bouche? Or, vous n'ignorez pas que les traditions
de toute sorte ne nous sont parvenues que mu-
tilées, arrangées, ou pour parler plus exactement;
dérangées. Chaque génération les a interprétées
à sa façon, traduites plus ou moins scrupuleusement, raturant en partie ce que la précédente avait admis, ajoutant par hypocrisie,
ignorance ou intelligence, des articles nouveaux.

Aussi la tradition est-elle flottante, incertaine,
et aucun esprit sérieux ne peut-il s'en servir
omme moyen de convaincre.

Quant au texte, c'est-à-dire à la parole écrite,
c'est chose bien différente. Il fixe la pensée, il

est inflexible. Entre la parole parlée, et la parole écrite, il y a la distance qui sépare le vrai de l'incertain. Est-ce à dire que les textes n'aient pas été falsifiés de temps en temps? Une pareille assertion ne serait pas croyable. Nous savons, du reste, qu'il n'en est pas ainsi. Le mensonge et la loyauté sont choses aussi anciennes que l'homme, et ne périront qu'avec lui.

Donc, la tradition s'envole, s'évapore, pour ainsi dire; la parole écrite est un document précieux, un témoignage certain de la pensée d'un peuple à tous les instants de son existence; et cela que la parole soit écrite avec la pierre ou le pinceau, le crayon ou la plume; et surtout par l'imprimerie, le plus important de tous les moyens de fixation et de diffusion de la pensée.

L'encre d'imprimerie, l'encre de chine, les crayons, dits à mine de plomb, les crayons Conté, les fusains ont tous pour base le charbon. On peut donc dire de cette matière que véritablement elle fixe la pensée.

La variété de charbon connue sous le nom de graphite, et qui est du carbone à peu près pur, sert à la fabrication des crayons, dits à mine de plomb. Cette dénomination est fort inexacte, car le *graphite* ou *plombagine* ne renferme aucune trace de plomb, il en rappelle seulement la couleur; mais il possède un bien plus grand éclat. Il se laisse tailler facilement sans se briser et prend toutes les formes possibles.

Les mines de Borrowdale, dans le Cumberland, en fournissent de très pur; on en rencontre aussi en Allemagne, à Passau et Krumau ; mais il est moins pur qu'en Angleterre.

Tout récemment un français, M. Alibert, a découvert dans la Sibérie Orientale, au sommet du Batougol, qui fait partie des Monts Saïan, une mine de graphite pur extrêmement abondante.

Cette mine, dite de Batougol, se trouve à 400 kilomètres de la ville d'Irkoutsk et à 2450 mètres au-dessus du niveau de la mer. M. Alibert en a entrepris l'exploitation et en introduisant l'industrie dans cette contrée désolée, il l'a fait profiter de tous les bienfaits de la civilisation.

Quoique très-productive, la mine n'a pas produit tous les résultats qu'on avait espérés, à cause de l'imperfection des moyens de communication. Pour transporter les blocs de graphite, il faut préalablement les enfermer dans des caisses de bois de cèdre, puis on les conduit en chariot jusqu'au fleuve Amour ; et encore ce transport ne peut-il s'effectuer que l'hiver, alors que la neige durcie offre une surface résistante et ferme.

Les caisses de graphite descendent le fleuve sur des larges bateaux, jusqu'à Nicolaïwski, situé à 1000 lieues du point de départ. De ce port, des navires les emportent pour les livrer aux villes d'Europe où l'on fabrique les crayons.

La maison Faber, de Nuremberg, dont les crayons jouissent d'une grande réputation, est une des plus importantes de ce genre. La fabrication des crayons se fait très-simplement. Le graphite pur est chauffé dans des vases clos, à une très-haute température ; puis à l'aide d'une scierie mécanique, on le débite en petites tiges, très-minces, qu'on enchasse dans des baguettes de bois de cèdre, taillées en demi cylindre. L'une d'elles porte une rainure dans laquelle on fixe la tige de graphite ; l'autre sert à la recouvrir. Depuis quelque temps, on taille de petits cylindres de graphite qu'on introduit dans des porte-crayons métalliques.

En 1795, Conté inventa un procédé pour fabriquer artificiellement des crayons de plombagine d'excellente qualité. Voici en quoi il consiste.

On fait un mélange intime de graphite pulvérisé et d'argile complétement exempte de sable et de chaux. La substance ainsi obtenue est chauffée au rouge dans un vase bien clos ; cette calcination a pour but de durcir l'argile, en la rendant plus compacte, et de donner au graphite de l'éclat et une certaine mollesse. Les proportions de ces deux matières sont, le plus souvent, deux ou trois parties de graphite pour une d'argile. Cependant on les fait varier, lorsqu'on veut accroître ou diminuer la dureté et l'intensité de la couleur dés crayons.

On voit que ces crayons ont sur ceux de graphite naturel le grand avantage de donner toutes les nuances, du gris très-faible au noir très-intense ; tout en ayant le même éclat métallique.

Pour en former les tiges, on fait, avec le mélange dont nous venons de parler, une bouillie épaisse, que l'on coule dans des rainures pratiquées sur une planche. Celle-ci a été préalablement trempée dans de l'huile bouillante afin d'empêcher l'absorption d'humidité.

Les mines de crayon, ainsi préparées, sont disposées verticalement dans un creuset dont on
remplit les interstices de charbon pulvérisé ou de
sable fin. On chauffe à une température déterminée par le degré de dureté que l'on veut obtenir.

On fait aussi avec le noir de fumée, provenant
de la combustion d'huiles et de résines, des
crayons noirs destinés spécialement au dessin.
Le noir de fumée est placé dans des sacs de
toile que l'on comprime graduellement entre les
deux plateaux d'une presse hydraulique. On
obtient ainsi une masse de charbon agglutiné,
qu'on soumet à une nouvelle pression entre deux
plateaux chauffés. Il ne reste plus qu'à découper
cette masse en petites baguettes, et à les enfermer dans un étui de bois.

Le *fusain,* dont on se sert beaucoup maintenant pour le dessin, provient de la carbonisation
de bois particuliers, des branches régulières de
certains arbres fruitiers.

Les maîtres anciens ne pouvaient l'employer
que pour leurs esquisses, à cause de la facilité
avec laquelle il s'efface. Les moindres empreintes de fusain disparaissent par un simple frottement.

Il y a peu de temps on découvrit un liquide
particulier, qui, étendu sur la face inférieure des
dessins au fusain, leur communique la fixité des
dessins à la mine de plomb. Grâce à ce liquide
fixateur, le fusain a donné naissance à une nouvelle école de dessinateurs remarquables, parmi
lesquels on compte les Appian, les Lalanne, les
Charnay.

Avec le fusain ils ont pu reproduire les effets les plus variés, les ombres les plus délicates, les clairs-obscurs les mieux réussis. Le dessin peut avoir, à volonté, des lignes nettes et tranchées ou des contours vaporeux et vagues. Les compositions offrent une teinte générale, pleine de charme. Le fusain fournit donc une ressource précieuse, puisqu'à ses qualités propres, il joint les propriétés de tous les crayons; et qu'il permet de traiter tous les sujets, quels qu'ils soient.

Pour terminer cette longue nomenclature, il nous reste à dire quelques mots de l'*encre de Chine*, ce produit si utile aux architectes et aux ingénieurs.

Sa fabrication, que nous avons empruntée aux Chinois, consiste simplement à faire une bouillie épaisse avec du noir de fumée, de la gomme et de la teinture de cachou; on broie le mélange jusqu'à l'amener à la consistance pâteuse. Il suffit ensuite de le découper en bâtons qu'on dessèche.

CHAPITRE XV

MAL ET REMÈDE.

Le charbon, qu'on se plaît à représenter comme l'élément pacifique par excellence, a cependant dans son histoire quelques pages tachées de sang. Malheureusement il n'a pas toujours servi à développer la lutte féconde des peuples sur le terrain de l'industrie; il a aussi favorisé la lutte destructive des nations sur les champs de bataille.

Mais disons tout de suite que s'il produit le mal, il fournit le remède; que, comme la lance d'Achille, il guérit les blessures qu'il fait. On dirait que la nature n'a donné qu'à regret, au charbon, cette puissance destructive, et qu'elle a eu hâte de racheter, par le don de quelque propriété bienfaisante, la faute qu'elle avait commise.

Pauvre humanité! Ce n'est pas assez que la peste, le choléra la déciment, ce n'est pas suffisant que les maladies de toute sorte la rongent et la tuent ; non, ce n'est pas assez, elle invente elle-même des moyens de se détruire plus facilement : fusils, balles, boulets, vaisseaux cuirassés et canons rayés. Elle ne trouve pas la faulx de la mort assez tranchante, et elle l'aiguise.

Avec cela que la médecine ne fait pas dans l'art de guérir des progrès aussi rapides que ceux de l'art militaire (voyez jusqu'où va la confusion de toutes choses, on appelle progrès, les développements excessifs dans l'art de s'entretuer !)

Depuis l'invention de la poudre, les guerres sont devenues d'horribles boucheries, où il suffit de quelques minutes pour coucher des milliers d'hommes sur le terrain. Et c'est la poudre qui est la cause de tant de désastres, puisque tous les perfectionnements faits dans ce but, ont pour principe l'emploi de la poudre. Aussi voudrions-nous dire quelques mots de la préparation de cette substance.

La poudre est formée de plusieurs matières dont la plus importante est le charbon ; les autres sont le soufre et le salpêtre. Lorsqu'on enflamme ce mélange, on observe une violente déflagration, une élévation de température excessive et un dégagement considérable de gaz. C'est à ces trois propriétés que la poudre doit d'être explosive. On a trouvé que les gaz dégagés avaient un volume *mille* fois plus grand que celui de la poudre employée. On conçoit donc que s'ils se produisent dans un petit espace, comme celui d'un canon de fusil, ils vont acquérir, lorsqu'ils seront ainsi comprimés, une force considérable, suffisante pour chasser une balle à une distance d'un kilomètre. Ces gaz, dans le fusil, produisent l'effet d'un puissant ressort, qui se détendrait brusquement, poussant violemment la balle placée devant lui.

Nous disions que le charbon est l'élément essentiel de la poudre. On peut, en effet, remplacer le soufre par un autre combustible, le salpêtre par un autre corps, susceptible de déflagrer violemment; quant au charbon, dont le rôle principal est de brûler en donnant un grand volume de gaz, on trouverait difficilement une substance qui remplit aussi bien ce but.

Le salpêtre, par l'effet de la chaleur, se décompose et abandonne une quantité considérable d'oxygène. Le charbon s'unit alors avec lui, et donne naissance à de l'acide carbonique et à de l'oxyde de carbone; les réactions mutuelles des autres matières produisent des hydrogènes carbonés, de l'hydrogène sulfuré, de la vapeur d'eau, et un certain nombre de substances solides. On avait proposé, pour augmenter la puissance explosive de la poudre, d'accroître la proportion de charbon qu'elle renferme; dans ce cas, en effet, il se produit plus de gaz; mais alors le mélange est moins combustible, la température de la combustion plus basse; et, en définitive, l'effet plus faible.

La poudre de guerre française renferme, sur 100 parties : 75 parties de salpêtre, 12 et demie de soufre et autant de charbon.

La composition de la poudre de mine est différente; il y a moins de salpêtre, mais plus de sou-

fre et de charbon ; sur 100 parties ; il y en a 68 de
salpêtre, 20 de soufre, 12 de charbon. D'ailleurs,
chaque pays adopte des proportions variables
dans la composition de la poudre, mais les matériaux sont partout les mêmes.

Pour que le projectile soit chassé du canon de
fusil avec force, il est nécessaire que la combustion de la poudre soit rapide, mais non instantanée, sans quoi elle serait *brisante;* elle doit
brûler dans le temps précis employé par la balle
à parcourir le canon de l'arme; la combustion
se produit à la température de 300 degrés.

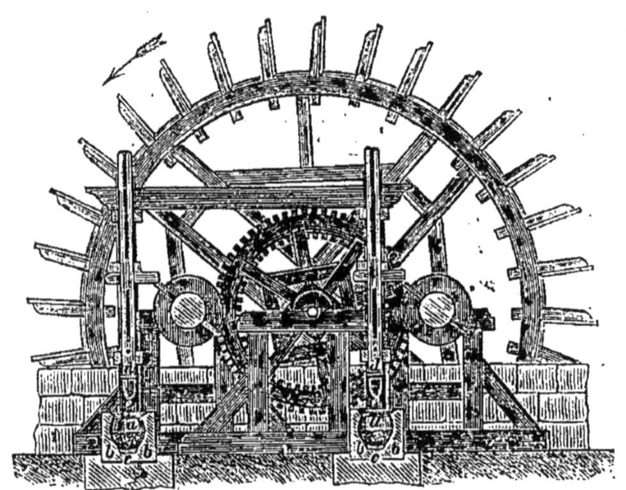

Moulin à pilons pour le mélange des matériaux servant à la
fabrication de la poudre.

La fabrication de la poudre est assez compli-
quée, comme détails d'opérations, quoique simple

en principe. On emploie le salpêtre raffiné, et le soufre en canons. Seulement ce dernier doit être pulvérisé dans un cylindre animé d'un mouvement de rotation et dans lequel il se trouve en contact avec des billes de bronze. On ne se sert pas du soufre en fleurs, parce qu'il retient toujours des matières étrangères.

Le charbon que réclame cette fabrication, est le *charbon de bois* : fabriqué avec des bois blancs parce qu'il n'encrasse pas les armes. On le prépare comme nous l'avons expliqué au chapitre IX, puis il est placé dans des mortiers de bois de hêtre, où on le pulvérise avec des *pilons* en bronze. Lorsqu'il est entièrement réduit en poudre, on ajoute le soufre et le salpêtre avec une certaine quantité d'eau, et on effectue le mélange dans le pilon même : cette dernière opération dure environ quatorze heures.

La poudre est alors faite, mais en morceaux irréguliers ; on la place sur un crible, animé d'un rapide mouvement de va et vient ; les morceaux de la grosseur voulue passent à travers les trous, quant aux gros fragments, ils sont brisés par un disque de bois, qu'on a eu soin de placer sur le crible avec la poudre. Traitée de la même façon, sur un crible plus fin, la poudre se sépare en poussière d'une part et en grains de l'autre ; aussi nomme-t-on cette opération *grenage*. Ainsi se fabrique la poudre de guerre ; la poudre de chasse, est encore soumise au *lissage*, qui a pour but de détruire les saillies anguleuses des grains.

Dans certaines usines, les trois substances,

soufre, salpêtre et charbon, sont mélangées dans des tonnes, sous la pression de meules de fonte en mouvement. Lorsque la poudre est préparée, il faut avoir soin de la préserver de l'humidité, parce que le charbon et le soufre absorbent l'eau qui fait effleurir le *salpêtre*.

Le goudron, provenant du gaz d'éclairage, donne, lorsqu'il est soumis à la distillation, des *huiles lourdes* dans lesquelles on rencontre non-seulement la *benzine*, mais une autre substance, non moins utile, *l'acide phénique* ou *phénol* : cette matière est formée d'une grande quantité de carbone unie à de l'oxygène et à de l'hydrogène. Elle cristallise en belles aiguilles, fond vers 35 degrés. Sa propriété principale, est de préserver les matières animales de la putréfaction ; aussi rend-elle de grands services, en temps de guerre, pour panser les blessures faites par les armes à feu, et éviter le développement de la gangrène ; on l'emploie encore pour les blessures produites par des substances imprégnées de principes virulents, pour les piqûres ou les morsures d'insectes venimeux. Enfin dans les cas de brûlures, on a obtenu de l'usage du *phénol* les meilleurs effets. Il peut, jusqu'à un certain point, remplacer les vapeurs de goudron, dans le traitement des maladies chroniques de l'appareil respiratoire. Il a rendu de très-grands services dans la dernière période de la phthisie et du catarrhe pulmonaire.

On a également préconisé son emploi dans les accidents cholériques ; et, comme pour toutes les

10.

bonnes choses, on a même été jusqu'à proclamer le *phénol* une panacée universelle.

Une substance très-voisine de *l'acide phénique* est la *créosote*, dont la médecine fait usage, comme caustique.

CHAPITRE XVI

Une des plus importantes applications du charbon est celle qu'on en a faite depuis long-temps à la métallurgie, c'est-à-dire à l'industrie qui a pour but d'extraire les métaux des minerais que nous fournit la nature.

Pour obtenir du fer, du zinc, du cuivre, de l'étain, il faut du charbon, non-seulement parce qu'on se sert de fours chauffés à de très-hautes températures, mais encore parce qu'on doit mêler ce charbon aux minerais métallifères pour en opérer la décomposition.

Passons rapidement en revue les diverses opérations qui, en métallurgie, nécessitent l'emploi du charbon. De toutes les branches de cette industrie indispensable, celle qui a pour but la fabrication du fer est la plus importante. C'est aussi celle qui réclame la plus grande quantité de charbon.

Les minerais de fer que l'on trouve dans la terre ou à sa surface, sont, le plus souvent, des *oxydes de fer*, c'est-à-dire des combinaisons de fer et d'oxygène. Vous comprenez maintenant ce terme de combinaison, dont j'ai expliqué la signification. Or, le charbon a une telle affinité, ou si vous aimez mieux, une telle sympathie pour l'oxygène que, si on le chauffe avec une combinaison où cet oxygène soit uni à un métal, il en opère la désunion à son profit en laissant le métal pur, et en s'alliant avec l'oxygène qui, pour ainsi dire, convole en secondes noces, après avoir divorcé.

Il réduit, comme on dit en langage chimique, les oxydes métalliques. C'est cette propriété fort curieuse qui lui a fait donner le nom de *corps réducteur*.

L'opération serait fort simple si les minerais étaient purs, mais il n'en est pas ainsi. Ils contiennent toujours des substances étrangères (la silice et le silicate d'alumine, ou terre à porcelaine) désignées sous le nom de *gangue*. En chauffant du minerai et du charbon à une haute température, on perdrait beaucoup de fer, parce que la silice qui se trouve dans la gangue se combinerait avec l'oxyde de fer pour donner un composé fusible. Afin d'atténuer le plus possible cette perte de métal, on ajoute de la *castine* ou pierre à chaux au mélange de charbon et de minerai. Par l'addition de cette matière peu coûteuse, on ne perd plus que de fort petites quantités du fer contenu dans le minerai. La silice libre, au lieu de se combiner avec le fer, s'allie avec la chaux de la castine et forme une substance qui, mélangée au silicate d'alumine de la gangue, constitue le *laitier*.

Cette opération nécessite une chaleur excessive et se fait dans de grands fourneaux à cuve, appelés *hauts-fourneaux,* qui n'ont pas moins de 10 à 15 mètres de hauteur, et de 3 à 5 mètres de diamètre dans leur plus grande largeur. Ces fourneaux fonctionnent d'une manière continue, souvent pendant plusieurs années, jusqu'à ce qu'ils soient détériorés. Ils sont alimentés par de puissantes machines soufflantes qui envoient de l'air dans le fourneau par la partie inférieure.

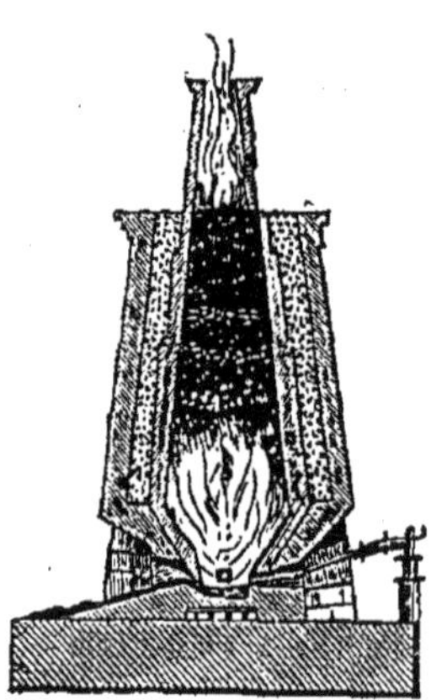

Coupe d'un haut-fourneau.

Le charbon que l'on emploie maintenant est le *coke* provenant de la distillation de la houille. Il est chargé, ainsi que le *minerai* et la *castine*, par couches alternatives que l'on introduit dans le fourneau par l'ouverture supérieure, nommée *gueulard*.

On n'obtient pas ainsi de fer pur, mais une combinaison de fer et de charbon, appelée *fonte*, et qui est fusible. On *affine* la fonte pour la transformer en fer. *L'affinage* consiste à priver la fonte du charbon qu'elle contient. Si la totalité du charbon n'est pas enlevée, on obtient de l'*acier*.

Dans le creuset, situé au bas du fourneau, le laitier surnage, étant moins lourd que la fonte en fusion. Il s'écoule constamment d'ailleurs par une ouverture pratiquée à une hauteur convenable.

On fait écouler la fonte contenue dans le creuset toutes les douze heures ou toutes les vingt-quatre heures, selon sa capacité.

La nuit, ces fourneaux gigantesques offrent un spectacle grandiose. A leur extrémité supérieure, au *gueulard*, pour l'appeler par le nom énergique que lui donnent les ouvriers, une flamme bleue brûle constamment. On dirait celle d'un énorme punch. Sans interruption, les ouvriers jettent dans cette gueule enflammée et béante le minerai, le charbon et le fondant.

Au bas du fourneau, lorsqu'on débouche le creuset, le spectacle n'est pas moins beau. La fonte, comme un ruisseau de feu, s'élance en bondissant, s'écoule dans des rigoles pratiquées sur le sol de l'usine, et va se rendre dans une chaudière en répandant sur son chemin un éclat éblouissant. Mille étincelles jaillissent de toutes parts, accompagnées des crépitements multipliés du lit de sable de ce fleuve incandescent. L'intérieur de l'usine est sinistrement illuminé. On dirait qu'un vaste incendie jette sur les objets ses lueurs rougeâtres ; les ombres sont nettes et tranchées. Les ouvriers, habitués à la chaleur intense dégagée par la fonte, insoucieux du danger, vont et viennent dans la halle, au grand étonnement des visiteurs fort incommodés.

Quittons l'usine à fer, et allons à celle où l'on fabrique le zinc.

Nous en dirons peu de mots.

Les minerais de zinc sont de deux sortes : la *blende* et la *calamine*. Le traitement métallurgique de ces minerais comprend deux opérations bien distinctes : d'abord la calcination ou le *grillage* du minerai ; enfin la réduction de l'oxyde obtenu par le charbon dans des appareils distillatoires convenablement disposés. Le charbon joue encore ici le rôle de corps réducteur.

Pour l'étain, le traitement du seul minerai qu'on en trouve et qui est la *cassitérite* ou oxyde d'étain, est fort simple. On le soumet à de nombreux lavages pour en séparer la *gangue*, et dans des fourneaux à cuves, de forme particulière, on le place par couches alternant avec des couches de charbon.

Quant à la métallurgie du cuivre, elle est fort complexe. Les minerais de cuivre les plus répandus sont les pyrites cuivreuses, contenant du soufre, du fer et 8 à 9 % de cuivre. On les débarrasse de leur gangue par des préparations mécaniques. On les soumet ensuite au grillage, c'est-à-dire qu'on les calcine à l'air dans des fours convenablement établis.

Les minerais grillés sont fondus avec du charbon et de la silice. Le produit de cette opération
est une *matte* infusible qu'on grille de nouveau
jusqu'à huit à dix fois successivement. On obtient enfin du *cuivre noir* qu'on *affine* dans un
creuset hémisphérique, à la surface duquel se
trouve du charbon. On dirige un fort courant
d'air qui oxyde le peu de soufre que contient
encore le cuivre noir.

Tels sont, en métallurgie, les services que rend
le charbon. Par ce court aperçu, vous pouvez
juger de l'importance de son rôle dans cette industrie où il est aussi indispensable que le
minerai lui-même.

CHAPITRE XVII

Non-seulement le charbon fixe la pensée, mais encore la physionomie. Collaborateur actif du soleil, il permet de reproduire, avec une fidélité scrupuleuse, une précision mathématique, le visage des hommes, avec ses différents aspects, le paysage extérieur avec ses spectacles variés et changeants. En un mot, on fait de la photographie au charbon, qui présente, sur la photographie ordinaire, l'immense avantage de donner des épreuves inaltérables à l'air.

On sait, en effet, que les images, telles qu'on les obtient aujourd'hui, ne tardent pas à s'altérer. Elles diminuent d'abord d'intensité, deviennent bientôt tout-à-fait pâles, et quelquefois disparaissent entièrement. Après de nombreuses recherches on reconnut que cette disparition des épreuves photographiques tient à l'altération de l'argent, qui constitue les noirs de l'image.

11

Il était donc essentiel de rechercher un nouvel agent, qui, tout en remplissant le rôle de l'argent en photographie, ne fût pas comme lui soumis à l'influence des causes extérieures, c'est-à-dire fût inaltérable à l'air libre.

M. Regnault fit alors remarquer que le charbon est la base des encres d'imprimerie et de gravure, des crayons, etc., et que livres, dessins, gravures, nous parviennent intacts après avoir traversé des siècles entiers. Il y avait donc lieu de chercher si le charbon remplissait les conditions voulues. Les prévisions de M. Regnault ne furent pas trompées: le charbon se prête très-bien aux opérations photographiques, et fournit des épreuves indestructibles.

Avant de décrire le procédé actuellement pratiqué, donnons-en le principe.

Un savant distingué, M. Poitevin, en faisant des recherches photographiques, trouva qu'un mélange de *gélatine* et de la substance nommée *bichromate de potasse*, devient insoluble dans l'eau lorsqu'il a subi l'action de la lumière.

Tel est le principe, voyons comment on l'applique. Tout le monde sait que l'appareil essentiel du photographe est une chambre noire, dont la partie antérieure porte une lentille convexe, enchâssée dans un tube de cuivre, et dont la partie postérieure est formée par un écran de verre. Lorsqu'on fixe la lentille ou *objectif* sur un objet éclairé par le soleil, il se forme sur l'écran une image renversée de cet objet, mais plus petite que lui. Cette image est la reproduction exacte, rigoureuse de l'objet, avec ses moindres détails ; seulement elle disparaît avec l'objet. Supposons qu'à la place de l'écran, on ait mis au fond de la chambre noire, une feuille de papier enduite d'un mélange de *bichromate de potasse* et de *gélatine*. La lumière n'agissant sur ce papier qu'aux points où l'image se forme, ne rendra insoluble le mélange gélatineux qu'en ces endroits, c'est-à-dire sur toute l'étendue de l'image. Bien plus, cette action de la lumière est d'autant plus énergique, que la partie frappée par les rayons est plus éclairée. Ainsi les parties lumineuses de l'objet correspondront, sur l'image, à des parties entièrement insolubles dans l'eau, tandis que les parties ombrées auront pour analogues des portions plus ou moins insolubles, selon que l'ombre y sera moins intense ou plus foncée.

Si, après cela, on lave le papier à grande eau, toutes les parties de l'enduit gélatineux qui n'auront pas été impressionnées par la lumière, se dissoudront, laissant le papier intact et incolore, tandis que celles où la lumière aura agi, conserveront plus ou moins d'enduit suivant que l'action aura été plus ou moins vive. L'objet fournit donc une image, mais à peine visible, à cause de la faible coloration des substances photogéniques employées.

C'est ici qu'intervient le charbon ; il vient, dans ces opérations, jouer le rôle de matière colorante. Si on l'a préalablement incorporé, à l'état très-divisé, dans l'enduit gélatineux, il le colorera en noir, et même il pourra reproduire toutes les ombres, avec leurs dégradations, toutes les nuances, si variées qu'elles soient, par l'épaisseur plus ou moins grande avec laquelle il se déposera.

On comprend, d'après cela, que si l'on répète les opérations précédentes sur un mélange ainsi modifié, l'image fournie par l'objet sera visible. Seulement elle offrira cette particularité, que les parties les plus éclairées de l'objet s'y trouveront être, au contraire, les plus noires, tandis que les parties plus ou moins ombrées, y seront représentées par des teintes de plus en plus claires.

Cela devait être; puisque le charbon ne colore l'enduit qu'aux points où il reste, et que ce sont précisément les parties lumineuses qui persistent sur le papier en devenant insolubles. Une pareille image est dite *négative*, on l'appelle encore *cliché*.

Mais si nous appliquons ce cliché sur un papier toujours préparé de la même façon ; en faisant agir maintenant la lumière, nous obtiendrons une reproduction exacte de l'objet primitif. Les choses seront rétablies dans leur véritable ordre, c'est-à-dire que les ombres correspondront aux ombres, et les parties éclairées aux parties éclairées.

La photographie au charbon est donc, on le voit, aussi simple qu'ingénieuse ; simple en pratique et en théorie, ingénieuse en principe. Si nous ajoutons à cela qu'elle est très-économique, qu'elle donne des épreuves inaltérables et d'une exquise délicatesse, on comprendra tout l'avenir d'un pareil procédé.

L'application du charbon, dans ce cas, est purement physique; on peut en citer une autre du même ordre, l'application à l'électricité. Le charbon est employé comme conducteur de l'électricité, dans les piles, ou dans l'appareil producteur de la lumière électrique. Toutes les variétés de charbon ne sont pas propres à cet usage. Une seule d'entre elles peut jouer ce rôle. C'est le charbon, qui, avec le coke, se dépose dans les cornues du gaz d'éclairage. Connu sous le nom de *charbon de cornues*, il conduit parfaitement la chaleur et l'électricité aussi bien que les métaux.

Lorsqu'il est d'une structure régulière, on en fait des cylindres qui forment le pôle positif des piles de Bunsen. Cette pile, dont le principe est dû à Grove, se compose de deux cylindres creux, l'un en terre poreuse, l'autre en zinc, le premier plongeant dans le second. Le tout est placé dans un vase également cylindrique. Enfin, dans l'intérieur du cylindre poreux on en place un troisième, massif, et en charbon des cornues. Dans l'espace qui existe entre le vase et la terre poreuse on verse du vitriol ou acide sulfurique; autour, du charbon de l'eau forte ou acide azotique. Par suite de l'action du vitriol sur le zinc, il se dégage de l'électricité positive et négative. Cette dernière reste sur le zinc, quant à l'autre elle passe sur le cylindre de charbon.

Le grand avantage du charbon, c'est qu'il est inattaquable par l'acide azotique, en même temps que conducteur de l'électricité. Grove, qui avait le premier construit cette pile, se servait, comme

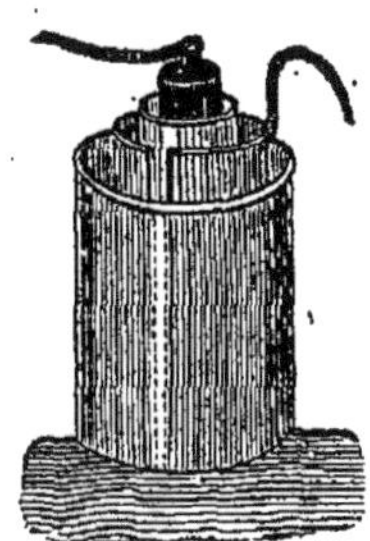

La pile de Bunsen.

pôle positif, d'une lame de platine ; mais les appareils, ainsi construits, étaient d'un prix trop élévé, ce qui faisait repousser l'usage de cette pile, malgré ses nombreux avantages. L'emploi du charbon a été indiqué par Bunsen, le grand chimiste allemand.

Après le soleil, la pile électrique est la plus puissante source de lumière. Lorsqu'on écarte les deux fils de cette pile, il se produit dans l'intervalle une vive étincelle; et si, aù lieu d'une pile, on en emploie un assez grand nombre, c'est un arc lumineux d'une vive intensité qui se montre. Sous l'action de l'énorme chaleur qui se dégage, les fils métalliques se consument rapidement, à l'exception du platine qui fond et se répand en fragments; et comme l'intervalle entre leurs extrémités augmente constamment, la lumière ne tarde pas à disparaître.

Pour obvier à cet inconvénient, Davy imagina de terminer les fils conducteurs, par des baguettes de charbon de bois, qu'il rapprochait graduel-

lement, au fur et à mesure de leur combustion..
Malheureusement cette expérience ne peut se
faire à l'air libre, à cause de la rapidité avec
laquelle le charbon de bois brûle; il faut opérer
dans le vide.

Le charbon des cornues remplit parfaitement
le but qu'on se propose. Très-compact, il conduit
l'électricité sans se consumer trop rapidement.
On le taille en baguettes, qu'on enchasse dans de
petits cylindres métalliques auxquels aboutissent les fils de la pile. De plus, le regretté
M. Foucault a imaginé de faire servir l'électricité
même à rapprocher les deux charbons, d'un
mouvement automatique. De cette façon, la distance entre leurs extrémités reste constante, et
la lumière conserve la même intensité.

Les deux charbons de la lumière électrique.

Lorsqu'on suit attentivement l'expérience, on
remarque ce fait curieux, que l'un des charbons
se creuse constamment, s'évide au centre, tandis

que l'autre se trouve surmonté d'une excroissance
conique, qui va sans cesse en augmentant. C'est
le charbon positif qui diminue et le négatif qui
croît. Il y a transport de la matière de l'un sur
l'autre. On remarque encore que, lorsque le
courant commence à passer, c'est le charbon
négatif qui devient lumineux le premier ; mais,
en revanche, c'est le positif qui brille du plus vif
éclat; c'est même au point qu'on est obligé de le
faire plus gros, afin qu'il *s'use* moins vite.

On a essayé d'employer le *graphite* à cet usage;
malheureusement, ce corps brûle très-diffici-
lement, sa pureté même s'oppose à son emploi,
car un des avantages du *charbon métallique*, c'est
précisément la présence de grains de silice, qu'il
a empruntés aux parois des cornues.

CHAPITRE XVIII

LE CHARBON ET LA RICHESSE PUBLIQUE.

L'activité humaine est vraiment chose admirable. Qui n'a été émerveillé par cette magnifique Exposition universelle de 1867? Qui n'a pas senti un léger mouvement d'orgueil, bien légitime d'ailleurs, à la vue d'un si merveilleux spectacle?

Et quand on pense que cet immense développement de toutes choses date d'un demi-siècle à peine, et qu'il a suffi d'employer, pour y arriver, l'humble charbon de terre, on est presque tenté de se montrer reconnaissant envers cette précieuse substance. Les anciens, qui ne marchandaient pas tant leur admiration, l'eussent adorée. Quant à nous, contentons-nous d'admirer ce merveilleux esprit humain qui a su d'une substance jusqu'alors dédaignée faire la source de tant de richesses, de tant de bien-être.

Aujourd'hui, l'emploi de la houille est devenu si général que les intérêts de notre beau pays de

France dépendent entièrement de l'industrie dont cette matière est l'objet.

Dans toutes les industries, quelles qu'elles soient, le charbon s'est imposé, et son rôle y a pris le caractère de la nécessité la plus absolue. Si bien qu'aujourd'hui, si la production de la houille était quelque peu diminuée, la prospérité générale éprouverait un grand échec.

La statistique, cette science réputée à tort si ennuyeuse, est féconde en utiles enseignements. Si le lecteur veut bien nous excuser d'employer quelques chiffres, nous allons les faire manœuvrer sous ses yeux, en bataille rangée, et lui prouver d'une façon irréfutable que le charbon est le pivot sur lequel tourne le monde moderne.

Les chemins de fer, comme on l'a dit tant de fois, ont supprimé les distances. Qui fait marcher la locomotive, si ce n'est le charbon? et il n'est pas d'autre combustible qui puisse rendre les mêmes services. A ce point de vue, bornons notre statistique à la France.

Jusqu'à présent nous possédons 15,000 kilomètres de voies ferrées, 3,500 lieues si vous aime zmieux; songez que cette longueur surpasse d'environ 200 kilomètres le diamètre de la terre, et jugez du développement des chemins de fer en France seulement où, cependant, il n'a pas atteint le plus haut degré, relativement aux autres Etats.

Le service de ces chemins exige 3,500 tonnes de charbon par jour; la tonne valant 1,000 kilogr., cela fait *trois millions cinq cent mille* kilogr., ou par an, 1260 millions de kilogrammes. C'est déjà un chiffre fort respectable, environ le dixième de la production houillère de notre pays. Si vous ajoutez à cela que le réseau des chemins de fer doit être porté, d'ici à quelques années, à 20,000 kilomètres, vous pouvez, dès à présent, juger de l'importance du charbon dans la locomotion terrestre, et de celle qu'il est appelé à acquérir un jour. Il n'est pas téméraire d'affirmer qu'il en est l'élément essentiel, la condition *sine quâ non*.

En temps de paix, la marine militaire de la France réclame à elle seule 160 mille tonnes de houille; cette quantité devient double en temps de guerre. Les navires exigent l'emploi du charbon non-seulement pour la locomotion, mais encore pour la construction même, par suite du perfectionnement du matériel.

Aujourd'hui, en effet, on cuirasse les navires, c'est-à-dire qu'on les recouvre d'une épaisse enveloppe de fer qui atteint, dans certains cas, jusqu'à *vingt centimètres d'épaisseur*. Certains navires ont même la coque entièrement construite en fer. Or on l'a vu, l'industrie du fer est subordonnée à l'emploi du charbon.

Prenons un pareil navire de guerre; en l'examinant en détail, on voit qu'il est muni d'une machine à vapeur toute en fer, dont la force varie entre 800 et 1,000 chevaux. La cuirasse, en moyenne, a 15 centimètres d'épaisseur. Il porte une quarantaine de canons, et un éperon du poids de 15 mille kilogrammes.

Le poids de houille, employé pour la production de cette énorme quantité de fer est de 25 à 30 mille tonnes; si l'on ajoute à cela que pour mettre la machine en mouvement il faut géné-

ralement 60 mille kilogr. par jour, on jugera
de l'importance du charbon dans la marine militaire.

Et ce n'est que pour la marine militaire ; la
marine marchande en emploie de grandes quantités aussi.

Pour en donner un frappant exemple, nous
citerons le fameux *Great-Eastern*. Cette masse
flottante contient dans sa coque 10 millions de
kilogr. de fer, qui ont été obtenus à l'aide de
60 millions de kilogr. de charbon.

Le reste du charbon consommé en France est
employé par les usines métallurgiques, et les
fabriques et manufactures de tout genre, qui
absorbent environ les deux tiers de la production totale. Le chauffage tant public que privé
et l'éclairage exigent à peu près la sixième
partie.

Il n'est pas sans intérêt de donner ici les poids
de houille consommée en France, successivement, depuis le commencement du siècle :

En 1789, on employait 250,000 tonnes de houille [1].

1815	—	950,000	—
1830	—	1,800,000	—
1843	—	3,700,000	—
1857	—	7,900,000	—
1867	—	13,000,000	—

[1] Les chiffres donnés dans ce chapitre sont empruntés à
l'excellent livre de M. AMÉDÉE BURAT, *les Houillères de France
en 1866*.

On présume qu'en 1870 le chiffre de la consommation sera de 15 millions de tonnes; il peut paraître étonnant qu'on assigne ainsi à l'avance la quantité de charbon employé en 1870. Au premier abord, rien ne semble justifier cette présomption. Mais il faut dire que depuis 1789, comme le montre notre tableau, on a calculé les masses totales de charbon consommées en France, et en examinant cette liste de chiffres qui ne semblent rien dire, on en a tiré un enseignement précieux.

On a reconnu de la sorte que la consommation de la houille double tous les 15 ans à peu près; et cette loi empirique ne s'est pas une seule fois démentie depuis 1789 ; c'est ce qui a permis de fixer à 15 millions de tonnes le poids du charbon pour 1870.

Aujourd'hui on peut, à la rigueur, juger de la prospérité commerciale et industrielle d'un pays, rien que par la quantité de houille qu'il produit et consomme annuellement.

Sous ce rapport, malheureusement la France n'est pas la première, elle ne vient qu'en troisième ligne, on peut en juger par le tableau suivant :

	Surface des bassins houillers.	Production annuelle.
Iles Britanniques .	1,570,000 hectares.	98 millions de tonnes
Prusse Saxe Bavière	600,000 »	20 » . »
France	350,000 »	13 » »
Belgique . . . ;	150,000 »	12 » »
Autriche	1,600 »	3 » »
Espagne.	1,600 »	400 mille tonnes

Ces six pays européens, au point de vue de l'exploitation de la houille et de sa consommation, peuvent se diviser en trois groupes : le 1er comprenant la France et la Belgique; le 2e la Westphalie, la Saxe, la Bohême et la Silésie, qui à elles seules fournissent à la consommation de toute l'Allemagne ; 3e les Iles Britanniques, qui, outre l'immense quantité de houille qu'elles consomment, en exportent des masses considérables dans tous les pays étrangers.

Il serait impossible, dans le peu d'espace dont nous disposons, de nous occuper des pays étrangers, au point de vue des détails. En dehors des généralités, nous bornons donc notre examen à la France seule.

Les 13 millions de tonnes de houille qui figurent dans le tableau précédent et qui se rapportent à l'année 1867, représentent une valeur de 135 millions de francs. Ils ont été fournis par nos nombreux districts houillers. La houille se vendant de 10 à 12 les mille kilogs au lieu d'exploitation.

Nos principaux bassins sont : pour le nord, Anzin et Denain ; pour le centre, Saint-Etienne, Rive-de-Gier, Aubin, Commentry, le Creuzot, Blanzy et Epinay; pour le midi, Alais, la Grand-Combe, Bessèges, Graissesac. A l'est, les bassins de la Haute-Saône et de la Moselle.

Quelques-uns de nos bassins houillers ne sont que la continuation de ceux des pays voisins. Ceux du nord tiennent au massif de la Belgique; ceux de l'est sont le prolongement des bassins de la Prusse-Rhénane.

Nous n'avons cité que les principaux centres d'exploitation de la France; notre pays en possède beaucoup d'autres secondaires, assez irrégulièrement répandus, mais qui n'en contribuent pas moins à l'approvisionnement général.

Malgré cette abondance relativement assez grande, nous sommes encore obligés d'aller chercher le précieux combustible à l'étranger. Ainsi, l'année dernière, il a été importé chez nous 6 millions de tonnes de houille et une quantité de coke correspondant à 300 mille tonnes de houille ; ce qui, au total, fait plus de la moitié de notre production annuelle.

On comprend aisément qu'avec un pareil état de chose l'exportation n'ait aucune importance pour nous, elle est, en moyenne, de 200 mille tonnes par an.

Si l'on étudie la répartition de la houille en France, on remarque ce qu'on pouvait prévoir, que les départements absorbent d'autant plus de cette matière qu'ils sont plus près du lieu d'exploitation.

Ainsi, en première ligne, il faut citer les départements du Nord , du Pas-de-Calais, de la Seine, de la Loire, du Rhône et du Gard; après, viennent tous les autres, d'après leur distance aux houillères les plus voisines, et enfin, en dernier lieu, le Gers et les Hautes-Pyrénées. Ces deux départements semblent avoir été déshérités par la nature, au point de vue de la houille. Outre qu'aucune mine de charbon n'en est proche, leur situation rend les transports d'une difficulté extrême.

Le département de la Seine, consomme à lui seul, la douzième partie de la production totale, tant pour l'éclairage et le chauffage, que pour l'exploitation des grandes usines qu'il renferme.

Un fait important à signaler dans la distribution des couches de houille dans le globe, c'est leur accumulation dans l'hémisphère boréal, tant en Europe que dans le Nouveau-Monde.

Dans toute l'Amérique du Sud, on ne connaît qu'un seul bassin houiller, celui de Sainte-Catherine, très-puissant, il est vrai. L'Amérique du Nord est, à ce point de vue, d'une richesse plus grande. On en jugera par ce fait, que l'étendue des houillères américaines est quatre fois celle des houillères d'Europe, et trente-sept fois celle des houillères anglaises qui, en Europe, occupent le premier rang pour l'importance.

En somme, la nature ne s'est pas montrée avare de cette précieuse matière, le charbon ; elle nous en a richement dotés ; mais l'homme est insatiable, il ne sait mettre aucun frein à ses passions, aucune limite à ses désirs ; à mesure que l'on découvrait de nouvelles couches de houille, il accroissait, dans la même proportion, les moyens de consommation.

L'Europe et l'Amérique se sont couvertes d'usines gigantesques, qui n'ont pas tardé à absorber les masses de charbon extraites du sein de la terre. Il y a à craindre que leurs exigences, relativement à cette matière, n'en dépassent la production.

Certains ingénieurs se sont préoccupés de cette question, et c'est du résultat de leurs études que nous allons nous occuper maintenant.

CHAPITRE XIX

Quand nous n'aurons plus de charbon ? Voilà
une question que le lecteur a déjà dû se poser,
après tout ce que nous venons de dire. Nous
avons vu, en effet, que le charbon dont nous
nous servons aujourd'hui, a une origine qui re-
monte presque aux premières époques de là
formation de la terre. Il provient, on se le rappelle, des végétaux enfouis il y a des milliers
d'années dans les profondeurs du sol. Ces végétaux étant soumis à une pression considérable, à
une température très-élevée, les éléments divers,
dont ils étaient formés, se sont séparés ; et le
charbon, le principal d'entre eux, a formé ces
immenses dépôts que nous exploitons actuellement.

Mais, quoique fort considérable, la quantité de
cette matière, qui existe dans le sein de la terre,
est limitée. Ajoutons à cela que nous en avons

déjà absorbé une très-grande partie pour chauffer nos demeures, éclairer nos cités, faire marcher nos machines à vapeur, etc., etc.

Que fera-t-on donc, quand il n'y en aura plus? Car, il ne faut pas se le dissimuler, il arrivera un jour, que probablement nous ne verrons pas, jour où nos descendants seront privés de cette précieuse substance.

On peut répondre à cela que, puisque cette houille s'est formée, il s'en reformera encore ; que ce charbon déjà utilisé n'est pas perdu ; qu'il est puisé dans l'atmosphère à l'état d'acide carbonique par les végétaux actuels, et que ces végétaux, à l'exemple de leurs prédécesseurs, nous rendront ce charbon à l'état minéral.

En théorie, rien de plus juste. Mais rappelez-vous bien dans quelles conditions s'est effectuée cette décomposition des végétaux, et voyez si ces conditions pourraient se réaliser aujourd'hui? Il faudrait un cataclysme pour enfouir des forêts entières, et, bien heureusement, nous ne sommes plus à une époque qui en voit se produire souvent.

Et puis, comparez nos végétaux actuels à ceux de l'époque houillère, et voyez s'ils peuvent rivaliser de grandeur, de puissance, et, par suite, s'ils nous fourniraient autant de charbon que ces derniers. Du reste, ce n'est pas dans quelques années que ces dépôts se formeront. Certes non! Il faudra des centaines de siècles avant l'expiration desquels nous n'aurons plus de charbon.

Que faire alors, jusqu'au jour où la nature aura achevé son travail de destruction des végétaux; jusqu'à ce qu'elle ait rendu à la terre le charbon que l'homme en a extrait? Cette question redoutable n'intéresse nullement notre génération, nous le répétons, et, peut-être, aussi celles qui lui succèderont immédiatement. « Après moi, la fin du monde, » disait Louis XV. Après nous, la fin de la houille, pourrions-nous dire, en parodiant cette détestable parole. Mais ne sait-on pas que la suite des êtres forme une chaîne non interrompue depuis le premier homme jusqu'au dernier habitant de cette terre, si elle ne doit plus en avoir? De même que nous profitons de tout le travail des générations précédentes, de même que nous récoltons la moisson qu'elles avaient semée, ainsi nous devons préparer le terrain à nos successeurs et ne pas rester étrangers aux événements que nous pouvons prévoir, quoique nous ne soyons pas destinés à les voir.

Plusieurs savants ont attaqué ce difficile problème. Un ingénieur des mines, de grand talent, un conférencier spirituel, M. Simonin, s'est beaucoup occupé de cette question; il a recherché quel serait, suivant son expression, le combustible de l'avenir. Mais avant d'exposer ses hypothèses, il est bon de faire connaître sur quelles bases reposent les assertions que nous venons d'émettre sur l'épuisement de la houille.

Dans le chapitre précédent, nous avons dit que tous les quinze ans la consommation de la houille devenait double. En suivant cette progression, on arrive à ce résultat, qu'en 1900 la France consommerait 60 millions de tonnes, quantité bien plus grande que celle que peuvent fournir actuellement nos houillères.

En appliquant le même calcul à l'Angleterre, M. Jevons a trouvé que ce pays qui, en 1861, produisait 83 millions de tonnes, en devrait produire, en 1961, 2,607 millions. En se fondant sur des hypothèses plus ou moins vraisemblables, il évalue à 83 milliards de tonnes, la masse totale de houille dévolue à l'Angleterre par la nature, et il en conclut que, dans une période de 110 ans, les houillères anglaises seront épuisées.

Il est des pays pour lesquels cette période est de cent ans, cinquante même. Aussi chaque année est-elle une étape parcourue dans la voie qui nous rapproche du terrible moment.

La question est plus sérieuse qu'on ne le suppose. L'Angleterre s'en émut réellement, il y a deux ans, et la porta devant la Chambre des Communes.

Pour parer, en partie, à une aussi redoutable éventualité, on proposa d'accroître la profondeur des mines, d'en pousser l'exploitation jusqu'à mille et douze cents mètres. Mais en cela on était peu logique. Songez-donc que la consommation croissant, le prix de vente du charbon croît aussi. Si vous venez augmenter les difficultés de l'extraction, le prix croîtra encore, et ce combustible deviendra alors d'un emploi trop coûteux. Et puis, qui vous dit qu'on pourra pousser les travaux aussi loin, sans danger pour les mineurs? Qui vous assure que le charbon obtenu sera de nature à satisfaire à tous les besoins? Peut-être atteindra-t-on des couches de houille maigre , d'anthracite , absolument impropres aux nombreux usages auxquels se prêtent les autres variétés de charbon.

On le voit , le problème n'est pas facile. à résoudre. Aussi a-t-on été obligé de revenir à d'autres projets. Pour notre part, revenons à celui de M. Simonin [1].

Si vous vous rappelez bien notre chapitre intitulé : *au coin du feu*, vous comprendrez facilement ce que propose l'habile. ingénieur. La houille que nous brûlons dans nos foyers dégage, avons-nous dit, la chaleur du soleil, qu'elle avait emmagasinée à l'époque houillère, et conservée jusqu'à nos jours. M. Simonin propose de chercher un moyen pratique de faire ce qu'a fait la houille, c'est-à-dire de mettre en quelque sorte la chaleur du soleil *en bouteille* , suivant sa spirituelle expression. Quelle voie suivre pour arriver à ce résultat? Pour le moment on ne peut pas répondre à pareille question. L'étude indiquera ce qu'il y aura à faire. En attendant, on prétend utiliser les vastes houillères de l'Amérique du Nord, les huiles de pétrole, comme moyen de chauffage, non-seulement pour nos demeures, mais pour nos machines à vapeur. Le gouvernement français a même porté son attention sur cette dernière substance, et il a chargé dernièrement notre éminent chimiste, M. Henry Sainte-Claire

---

[1] Les lecteurs qui voudraient de plus amples détails, pourront consulter avec fruit le beau livre de M. SIMONIN : *la Vie souterraine*, qui a beaucoup facilité notre tâche.

Deville, de chercher le meilleur mode de chauffage par ces pétroles.

Quoi qu'il en soit, ce ne sont que des expédients qui ont pour seul but de retarder le redoutable moment dont nous parlions plus haut.

On a encore proposé, pour mettre les machines en mouvement, de se servir des chûtes d'eau, celles du Niagara, par exemple, où l'on concentrerait les usines du monde entier. Mais, outre l'impossibilité d'agir ainsi, comment ferait-on marcher nos locomotives et nos wagons? Que deviendrait ce précieux et indispensable moyen de transport?

Non, là n'est pas la solution. Avec M. Simonin, nous dirons : « c'est dans le soleil que réside le combustible de l'avenir. » L'esprit humain, jusqu'à ce jour, ne s'est jamais trouvé en défaut; chaque fois que de nouveaux besoins se sont manifestés, il a fourni le moyen de les satisfaire. Ne doutons donc pas de sa puissance ; espérons, au contraire, qu'un jour viendra où l'on saura mettre à profit les torrents de chaleur que l'astre bienfaisant déverse sur certaines contrées, ou tout au moins que l'on découvrira un nouveau combustible tenu en réserve par la nature, pour l'instant fatal vers lequel nous marchons à grands pas.

CHAPITRE XX

LES ÉVOLUTIONS DU CHARBON.

On a souvent, par l'emploi d'une heureuse métaphore, comparé la science à un immense édifice dont les savants seraient les constructeurs. On a fait voir comment toutes les recherches isolées, tous les résultats séparés concourent à un but certain, en les assimilant à des matériaux destinés à occuper, plus tard, une place déterminée dans le monument. Enfin, on a fait comprendre comment cette œuvre immense, dont nous ne verrons pas le terme, va sans cesse en s'accroissant, lentement il est vrai, mais d'une façon continue, par le concours des générations de savants que chaque âge nous amène.

Dans ce magnifique édifice il y a des parties bien près d'être achevées et qui, par leur perfection, permettent de préjuger de celle de l'ensemble. Parmi celles-là se place l'étude du charbon, de ses évolutions et de son rôle dans la nature.

En réunissant, dans une admirable synthèse, tous les faits observés jusqu'à ce jour, toutes les connaissances acquises sur le charbon, en profitant des résultats de tant de longues et patientes recherches, de tant de travaux lents et pénibles, on a réussi à éclairer d'un jour tout nouveau un certain nombre de phénomènes auxquels on accordait trop facilement une nature mystérieuse. En un mot, on a soulevé un coin du voile qui cache encore à notre esprit le mécanisme de la nature et la raison de ses actes. Peut-être cela permet-il d'espérer qu'on en pénétrera entièrement les secrets, qu'on les lui arrachera, mais au prix de quels efforts !

Quoi qu'il advienne, on connaît en partie aujourd'hui le rôle du charbon dans le monde ; on l'a suivi pas à pas dans sa marche à travers les trois règnes de la nature ; on l'a observé dans ses évolutions incessantes, et on a pu ainsi comprendre le fonctionnement de la vie à la surface de la terre ; c'est ce que nous allons essayer de résumer dans ce bien court chapitre.

Prenons le charbon à sa sortie des entrailles de la terre. Que va-t-il devenir ?

Livré au commerce, à l'industrie, il va semer la vie sur tout son parcours. Ici, employé en masses considérables dans les usines à gaz, il répand sur les cités tumultueuses une douce et bienfaisante lumière, il fournit encore ces admirables couleurs d'aniline, qui prêtent leur éclat aux tissus de toute nature. Là, il donne naissance à une foule de produits chimiques, précieux pour les savants, comme réactifs, pour les agriculteurs, comme engrais, pour les malades, comme médicaments bienfaisants. Que sais-je? A quoi sert-il encore? A quoi ne sert-il pas, devrait-on plutôt dire?.

Suivons-le dans toutes ses transformations. Dissimulé dans le gaz d'éclairage, il brûle, se transforme en acide carbonique et se répand dans l'atmosphère. Sous forme d'engrais, il s'insinue dans le sol, et à ces deux sources, l'air et la terre, il est puisé par les végétaux qui se l'assimilent, en font leur chair et leur sang, leur être tout entier.

Mais il ne va pas rester là; suivez-le bien.

Voyez ces épais pâturages, aux dépens desquels se nourrissent de nombreux troupeaux. Tous ces animaux se repaissent de ces végétaux et font pénétrer dans tout leur organisme le charbon qui, par sa combustion, va entretenir la chaleur et la vie.

A son tour, l'homme dévore avidement la chair de ces puissants animaux, sacrifiés pour ses besoins. Comme eux il brûle dans ses vaisseaux le charbon qu'il leur a dérobé, et le restitue ainsi à l'atmosphère et au sol.

Est-ce tout? Non, loin de là.

Les petits se nourrissent comme les grands, chacun à sa pâture quotidienne. Suivez-moi au fond de l'Océan et voyez ces masses immenses, ces myriades de zoophytes, qui, plus intelligents que l'homme, forment d'admirables associations, les polypiers. Tous ces chétifs

animaux se recouvrent d'une carapace dè craie,
de carbonate de chaux. Aussi, s'emparent-ils
rapidement de l'acide carbonique de l'atmosphère, à mesure qu'il se dissout dans les eaux
de la mer. Ce que chacun d'eux absorbe ainsi de
charbon, c'est presque rien. Cependant comptez
tous ces riens, additionnez ces quantités infiniment petites et vous arriverez à des masses
infiniment grandes, à des résultats qui dépassent
tout ce que l'imagination peut se figurer. Car,
songez donc au nombre immense de ces petits
animaux, rappelez-vous qu'ils ont formé des
terrains entiers, une partie de l'écorce terrestre,
que Paris, la grande capitale, est bâti sur leurs
carapaces ; bien plus, qu'ils forment les assises
des puissants empires, qui se partagent notre
globe.

Ne vous fatiguez pas, continuons notre course
rapide à la suite du charbon. Voyez-le, en brûlant,
développer de la force, cette force qui fait franchir
les Océans en quelques jours à de légers esquifs,
cette force qui entraîne à surface de la terre,
dans une course vertigineuse, la locomotive et ses
wagons.

N'est-ce pas encore lui qui fait marcher avec
un ensemble si parfait, un ordre si harmonieux,
les machines aux mille bras qu'emploient tous
nos industriels.

Partout le charbon, partout la vie. Sans le
charbon, pas de vie. C'est lui qui, aujourd'hui,
est le moteur de toutes choses, le grand ressort
du mécanisme social. C'est lui qui fixe la pensée
et la physionomie, qui donne la chaleur et la

lumière, qui fait la paix et la guerre, qui fait vivre et mourir. Aussi, lorsqu'on voudra nettement caractériser notre époque, pourra-t on l'appeler *l'âge de charbon*.

FIN.

TABLE DES MATIÈRES

FIN DE LA TABLE

193 — Abbeville. — Imp. P. BRIEZ.